2029 2034

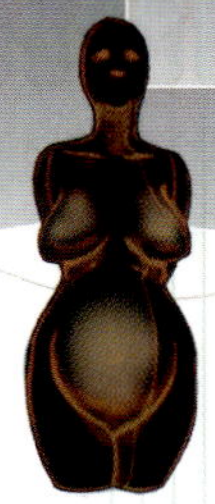

FIDES

2025 2028 2029 2034 2035 2039 2040 2042 *TransGénèse*

TOME 1 **OPUS MATRICE**

Scénario : **ANNE PLOY**

Dessin : **DIDIER PAGOT**

Design & storyboard : **LOÏC**

Couleur : **SCHELLE ET ROSA**

Les Humanoïdes Associés

dans la Transgénèse

par Ploy & Loïc

L'Ancêtre programmé

Tome 1. Le Temps de l'éveil
Tome 2. Le Temps de la conscience

par Ploy, Pagot & Loïc

Fides

Tome 1. Opus Matrice

des mêmes auteurs

par Ploy & Loïc

aux éditions Delcourt

Anahire

Tome 1. Le Monstre
Tome 2. L'Élu
Tome 3. L'Apeuré
Tome 4. Des milliers d'autres

par Brice Tarvel & Peter Nielsen (alias Didier Pagot)

aux éditions Soleil

Les Traîne-Ténèbres

Tome 1. Le Paladin, le Gueux et La Sorcière
Tome 2. Les Dents du dragon

Remerciements à Anne Pénicaud pour les traductions latines
(*Fides* : le serment de foi ; *Opus matrice* : la nécessité de la mère ;
Mater prima : la première mère...).
A. Ploy

Remerciements à Anne et Loïc pour d'inestimables conseils.
D. Pagot

Conception graphique : Didier Gonord

FIDES TOME 1
OPUS MATRICE

Première édition : novembre 2000 - LES HUMANOÏDES ASSOCIÉS

Achevé d'imprimer en octobre 2000
sur les presses de l'imprimerie Lesaffre à Tournai - Belgique

Dépôt légal novembre 2000

ISBN : 2 7316 1397 1
Code : 43 4924 7

TIP..
BONJOUR BONJOUR
...IL EST 6H30, L'HEURE D'UN RÉVEIL HEUREUX.
HMMPHF...
C'EST VRAI... PLUS DE RÉVEIL...
Il vous reste trente (30) minutes avant votre séance de thérapie du matin.
WAHH... UNE DOUCHE... D'ABORD!
1

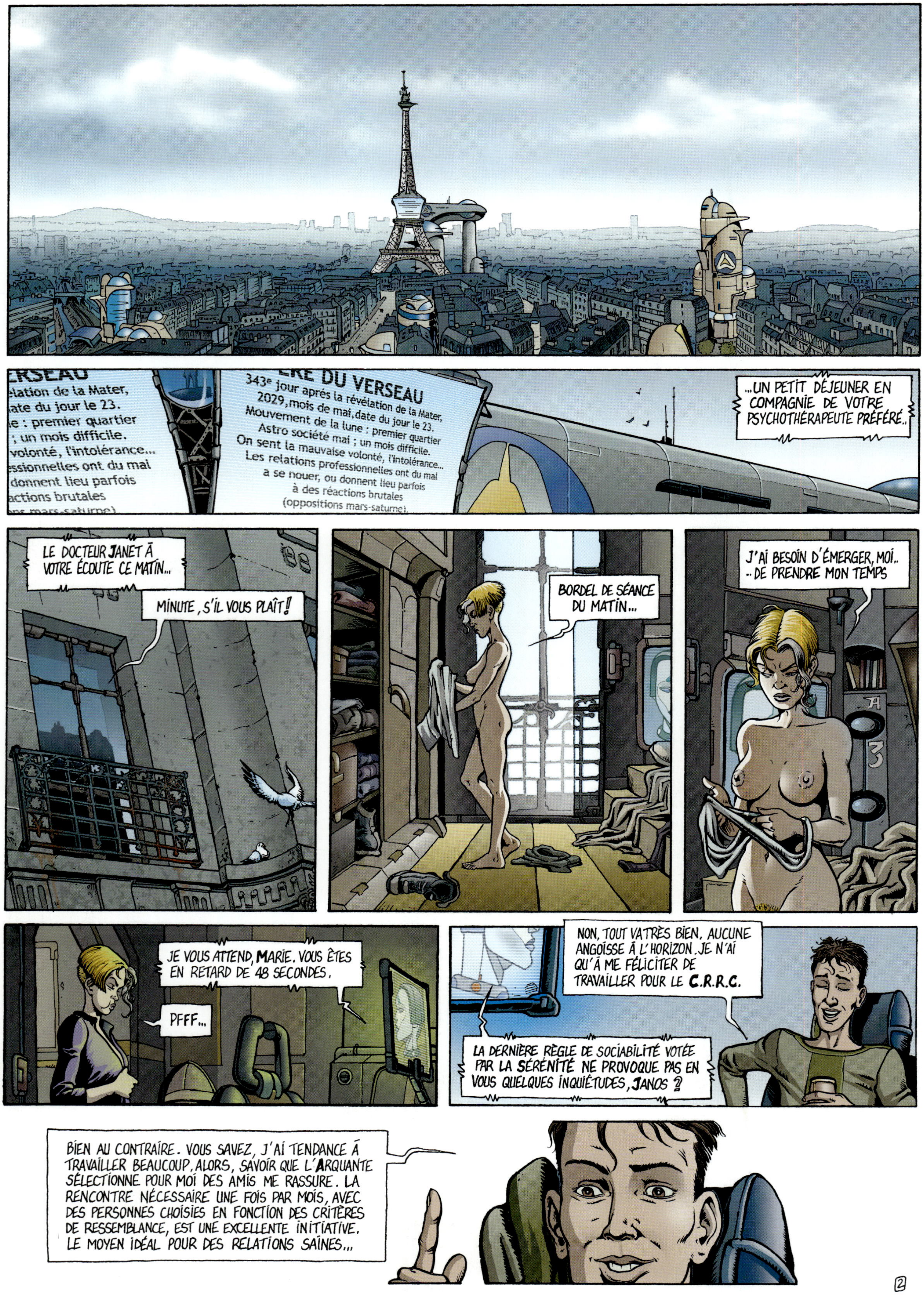
ÈRE DU VERSEAU
343e jour après la révélation de la Mater,
2029, mois de mai, date du jour le 23.
Mouvement de la lune : premier quartier
Astro société mai ; un mois difficile.
On sent la mauvaise volonté, l'intolérance...
Les relations professionnelles ont du mal
a se nouer, ou donnent lieu parfois
à des réactions brutales
(oppositions mars-saturne).
...UN PETIT DÉJEUNER EN COMPAGNIE DE VOTRE PSYCHOTHÉRAPEUTE PRÉFÉRÉ..
LE DOCTEUR JANET À VOTRE ÉCOUTE CE MATIN...
MINUTE, S'IL VOUS PLAÎT!
BORDEL DE SÉANCE DU MATIN...
J'AI BESOIN D'ÉMERGER, MOI.. ..DE PRENDRE MON TEMPS
JE VOUS ATTEND, MARIE. VOUS ÊTES EN RETARD DE 48 SECONDES.
PFFF...
LA DERNIÈRE RÈGLE DE SOCIABILITÉ VOTÉE PAR LA SÉRÉNITÉ NE PROVOQUE PAS EN VOUS QUELQUES INQUIÉTUDES, JANOS ?
NON, TOUT VA TRÈS BIEN. AUCUNE ANGOISSE À L'HORIZON. JE N'AI QU'À ME FÉLICITER DE TRAVAILLER POUR LE C.R.R.C.
BIEN AU CONTRAIRE. VOUS SAVEZ, J'AI TENDANCE À TRAVAILLER BEAUCOUP, ALORS, SAVOIR QUE L'ARQUANTE SÉLECTIONNE POUR MOI DES AMIS ME RASSURE. LA RENCONTRE NÉCESSAIRE UNE FOIS PAR MOIS, AVEC DES PERSONNES CHOISIES EN FONCTION DES CRITÈRES DE RESSEMBLANCE, EST UNE EXCELLENTE INITIATIVE. LE MOYEN IDÉAL POUR DES RELATIONS SAINES...
2

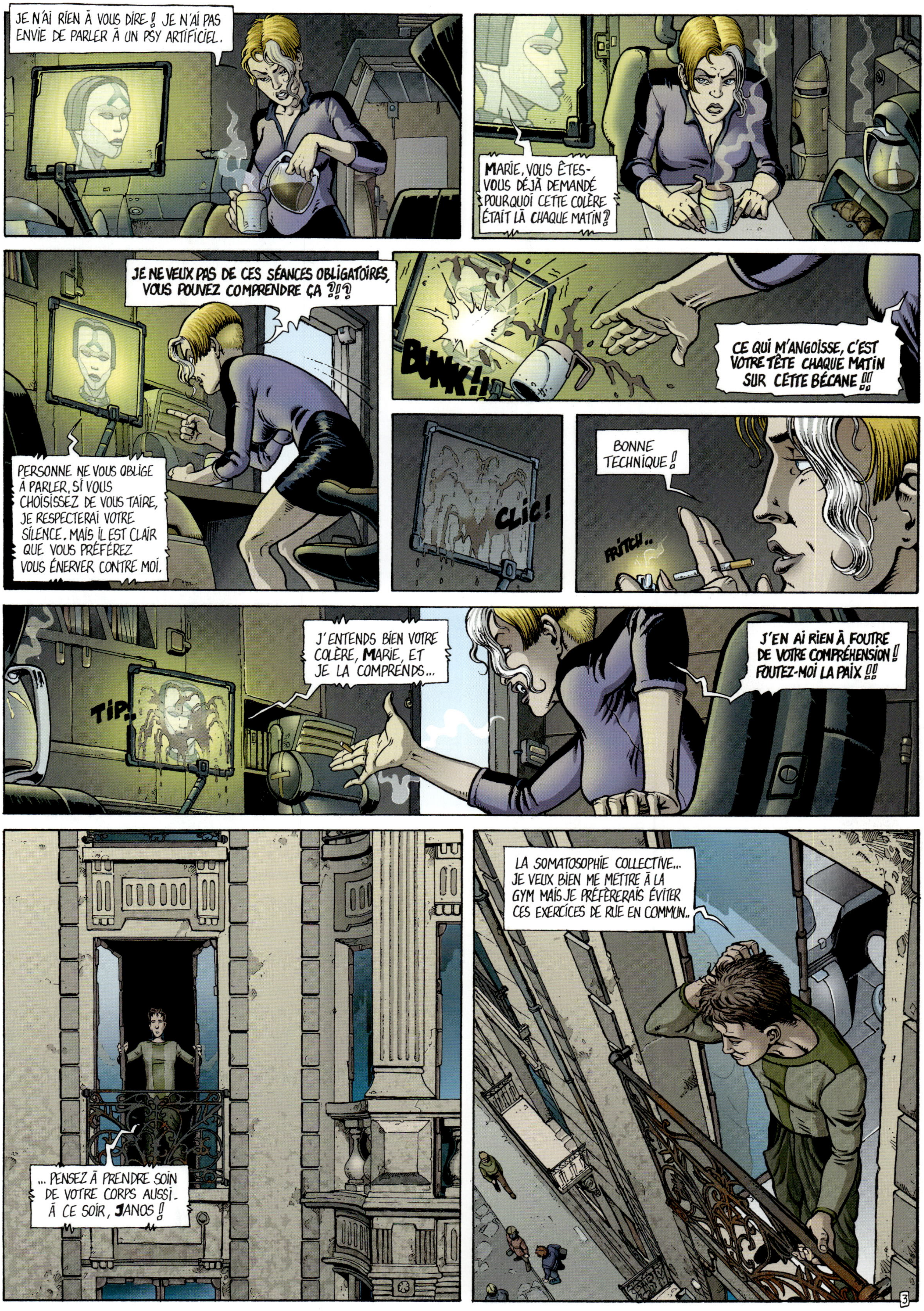
JE N'AI RIEN À VOUS DIRE ! JE N'AI PAS ENVIE DE PARLER À UN PSY ARTIFICIEL.
MARIE, VOUS ÊTES-VOUS DÉJÀ DEMANDÉ POURQUOI CETTE COLÈRE ÉTAIT LÀ CHAQUE MATIN ?
JE NE VEUX PAS DE CES SÉANCES OBLIGATOIRES, VOUS POUVEZ COMPRENDRE ÇA ?!?
PERSONNE NE VOUS OBLIGE À PARLER. SI VOUS CHOISISSEZ DE VOUS TAIRE, JE RESPECTERAI VOTRE SILENCE. MAIS IL EST CLAIR QUE VOUS PRÉFÉREZ VOUS ÉNERVER CONTRE MOI.
BUNK !!
CE QUI M'ANGOISSE, C'EST VOTRE TÊTE CHAQUE MATIN SUR CETTE BÉCANE !!
CLIC !
BONNE TECHNIQUE !
FRITCH..
TIP..
J'ENTENDS BIEN VOTRE COLÈRE, MARIE, ET JE LA COMPRENDS...
J'EN AI RIEN À FOUTRE DE VOTRE COMPRÉHENSION ! FOUTEZ-MOI LA PAIX !!
...PENSEZ À PRENDRE SOIN DE VOTRE CORPS AUSSI. À CE SOIR, JANOS !
LA SOMATOSOPHIE COLLECTIVE... JE VEUX BIEN ME METTRE À LA GYM MAIS JE PRÉFÉRERAIS ÉVITER CES EXERCICES DE RUE EN COMMUN..
3

CE MATIN, HARMONY VOUS PROPOSE DE TRAVAILLER SUR L'ÉQUILIBRE INTÉRIEUR...
... GÉREZ VOTRE SANTÉ, RESPIREZ À PLEINS POUMONS DANS LE CŒUR D'UN PARIS DÉPOLLUÉ...
BROWN-SEQUARD MIZON
... PRENEZ LE TEMPS DE VOUS RETROUVER, D'ABORD INDIVIDUELLEMENT. CENTRÉ SUR VOUS-MÊME, SENTEZ VOTRE CORPS DANS SA TOTALITÉ. LAISSEZ-LE ALLER. EN MOUVEMENT, PRENEZ LE TEMPS DE VOUS RÉJOUIR DE VOS SENSATIONS...
... LIBÉREZ-VOUS DE VOS ANGOISSES. REGARDEZ-LES SORTIR DU BOUT DE VOS DOIGTS, LAISSEZ AUSSI VOTRE ANXIÉTÉ GLISSER LE LONG DE VOS JAMBES ET TOMBER DE VOS PIEDS...

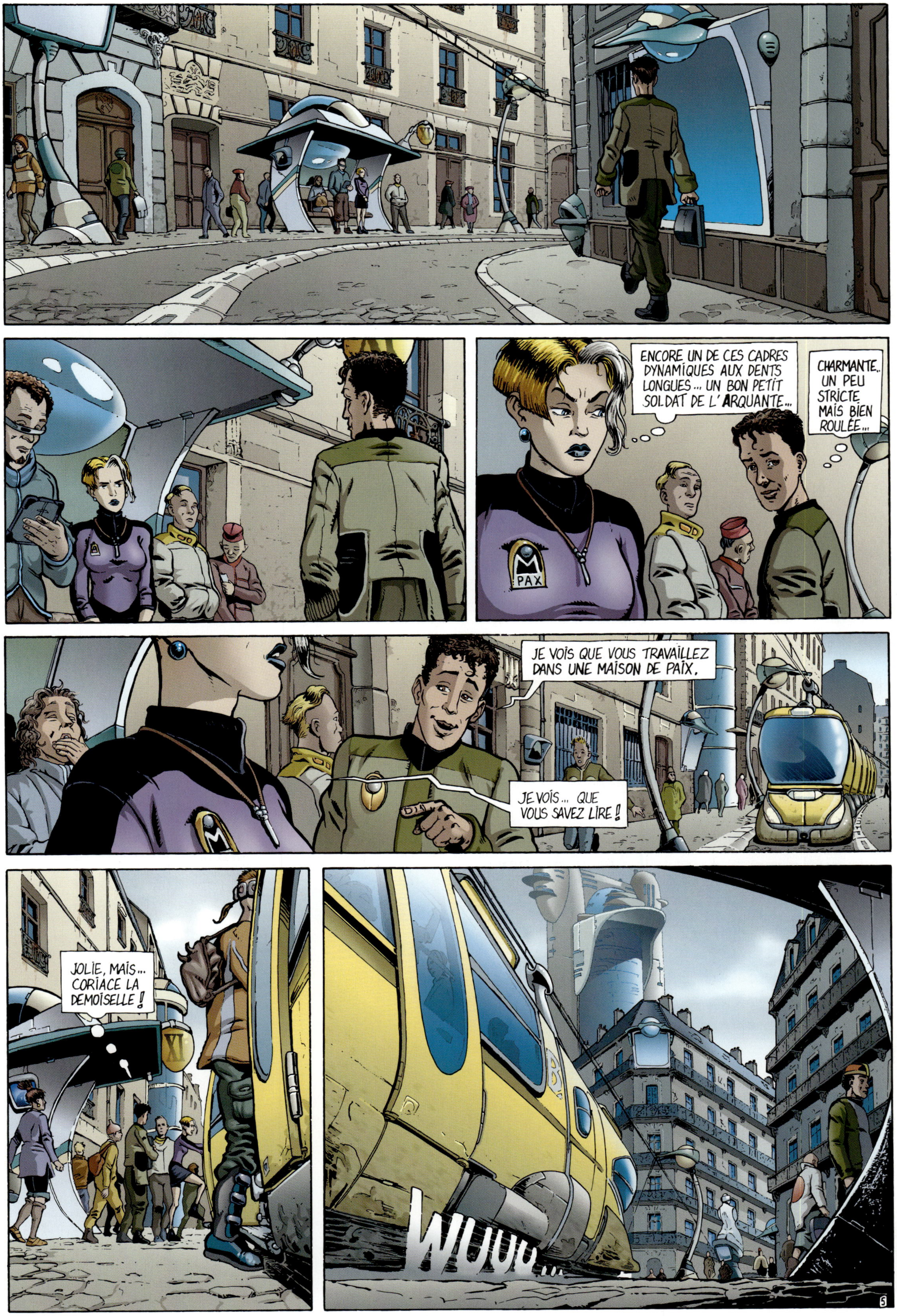
ENCORE UN DE CES CADRES DYNAMIQUES AUX DENTS LONGUES... UN BON PETIT SOLDAT DE L'ARQUANTE...
CHARMANTE... UN PEU STRICTE MAIS BIEN ROULÉE...
PAX
JE VOIS QUE VOUS TRAVAILLEZ DANS UNE MAISON DE PAIX.
JE VOIS... QUE VOUS SAVEZ LIRE !
JOLIE, MAIS... CORIACE LA DEMOISELLE !
WUUU...

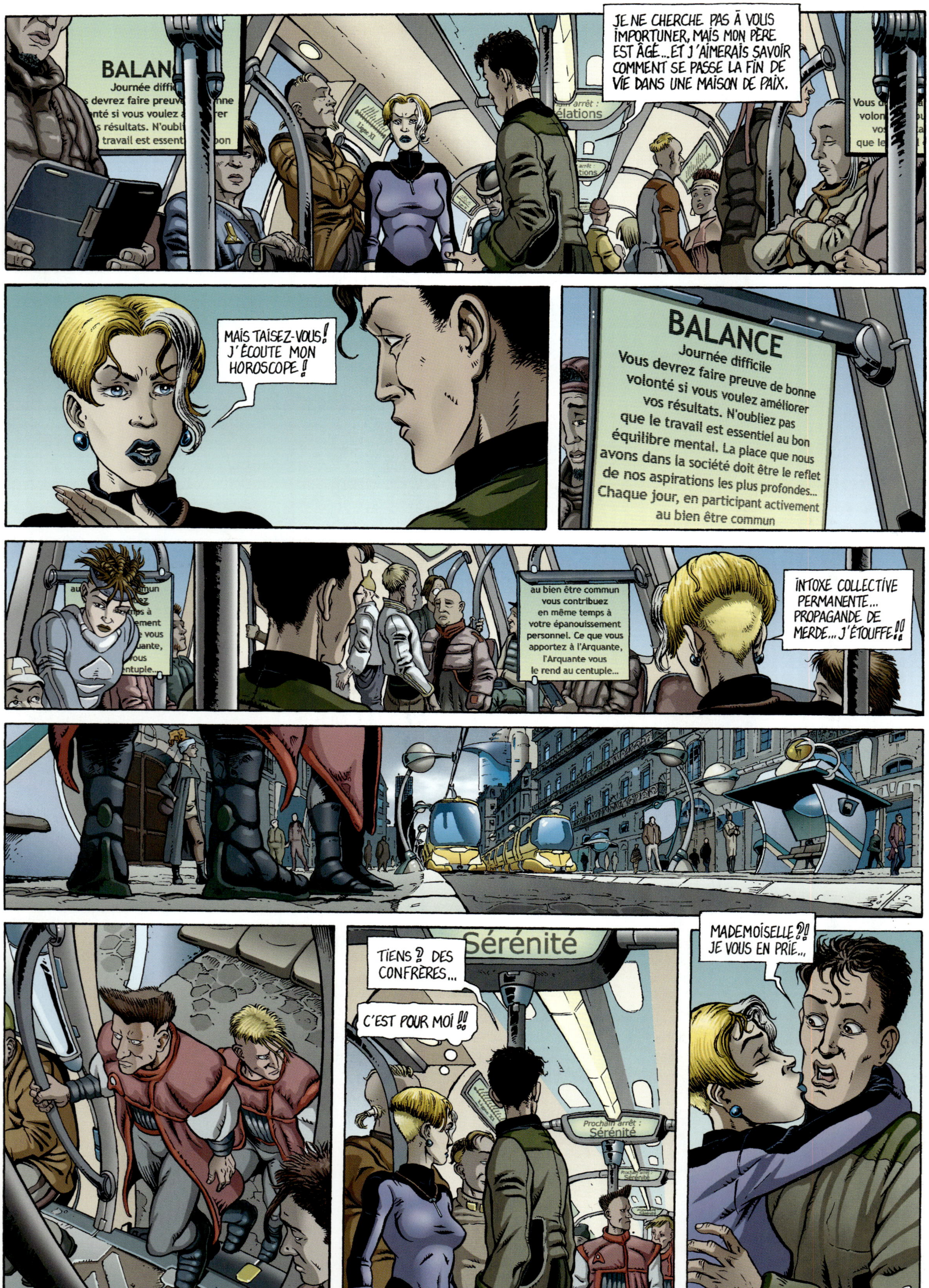
JE NE CHERCHE PAS À VOUS IMPORTUNER, MAIS MON PÈRE EST ÂGÉ... ET J'AIMERAIS SAVOIR COMMENT SE PASSE LA FIN DE VIE DANS UNE MAISON DE PAIX.
MAIS TAISEZ-VOUS! J'ÉCOUTE MON HOROSCOPE!
BALANCE
Journée difficile
Vous devrez faire preuve de bonne volonté si vous voulez améliorer vos résultats. N'oubliez pas que le travail est essentiel au bon équilibre mental. La place que nous avons dans la société doit être le reflet de nos aspirations les plus profondes... Chaque jour, en participant activement au bien être commun
au bien être commun vous contribuez en même temps à votre épanouissement personnel. Ce que vous apportez à l'Arquante, l'Arquante vous le rend au centuple...
INTOXE COLLECTIVE PERMANENTE... PROPAGANDE DE MERDE... J'ÉTOUFFE!!
Sérénité
TIENS? DES CONFRÈRES...
C'EST POUR MOI!!
Prochain arrêt : Sérénité
MADEMOISELLE?!! JE VOUS EN PRIE...

MAIS ?! ELLE FOUILLE DANS MA POCHE !
AMENEZ CE PAQUET À L'ADRESSE INDIQUÉE DESSUS. JE VOUS EN PRIE, C'EST VITAL !!
Sérénité
C'EST ELLE, VITE !
J.. J'ÉTAIS AVEC ELLE... ILS VONT M'ARRÊTER !...
BLOQUEZ CETTE FEMME !! C'EST UNE CONTRE-RÉVÉLATIONNISTE !!
UN PAQUET ?...
UNE CONTRE-RÉV. ?! SI LES CONFRÈRES TROUVENT CE PAQUET SUR MOI, JE SUIS BON POUR LA RÉADAPTATION COMPORTEMENTALE...
ARRÊTEZ-LA !! ELLE TRANSPORTE DES MÉDICAMENTS INTERDITS !!

NON ! LAISSEZ-MOI PASSER ! VOUS NE VOYEZ PAS QU'ON VOUS MANIPULE !?!
JE VOUS EN PRIE...
Bientôt,
vous ne serez
plus jamais seul.
es anges gardiens
sauront vous
montrer la voie !
Sérénité
ILS NE VOUS VEULENT PAS DE MAL. ILS VEULENT VOUS EMPÊCHER DE VOUS INTOXIQUER.
VOUS POUVEZ LA LÂCHER, JE LA TIENS !
TIENS-TOI TRANQUILLE !
BRAVO, VOUS AVEZ ÉTÉ FANTASTIQUES ! VOUS VENEZ DE CONTRIBUER À L'ARRESTATION D'UNE DANGEREUSE CONTRE-RÉVÉLATIONNISTE !
Sérénité
L'ARQUANTE EST FIÈRE DE VOTRE FIDÉLITÉ À TOUS !
ÇA DONNE BONNE CONSCIENCE DE DONNER UN COUP DE MAIN AUX CONFRÈRES.
LA JOURNÉE COMMENCE BIEN POUR NOUS.
BRAVO LES CONFRÈRES !
L'ARQUANTE AVEC NOUS !!
XV

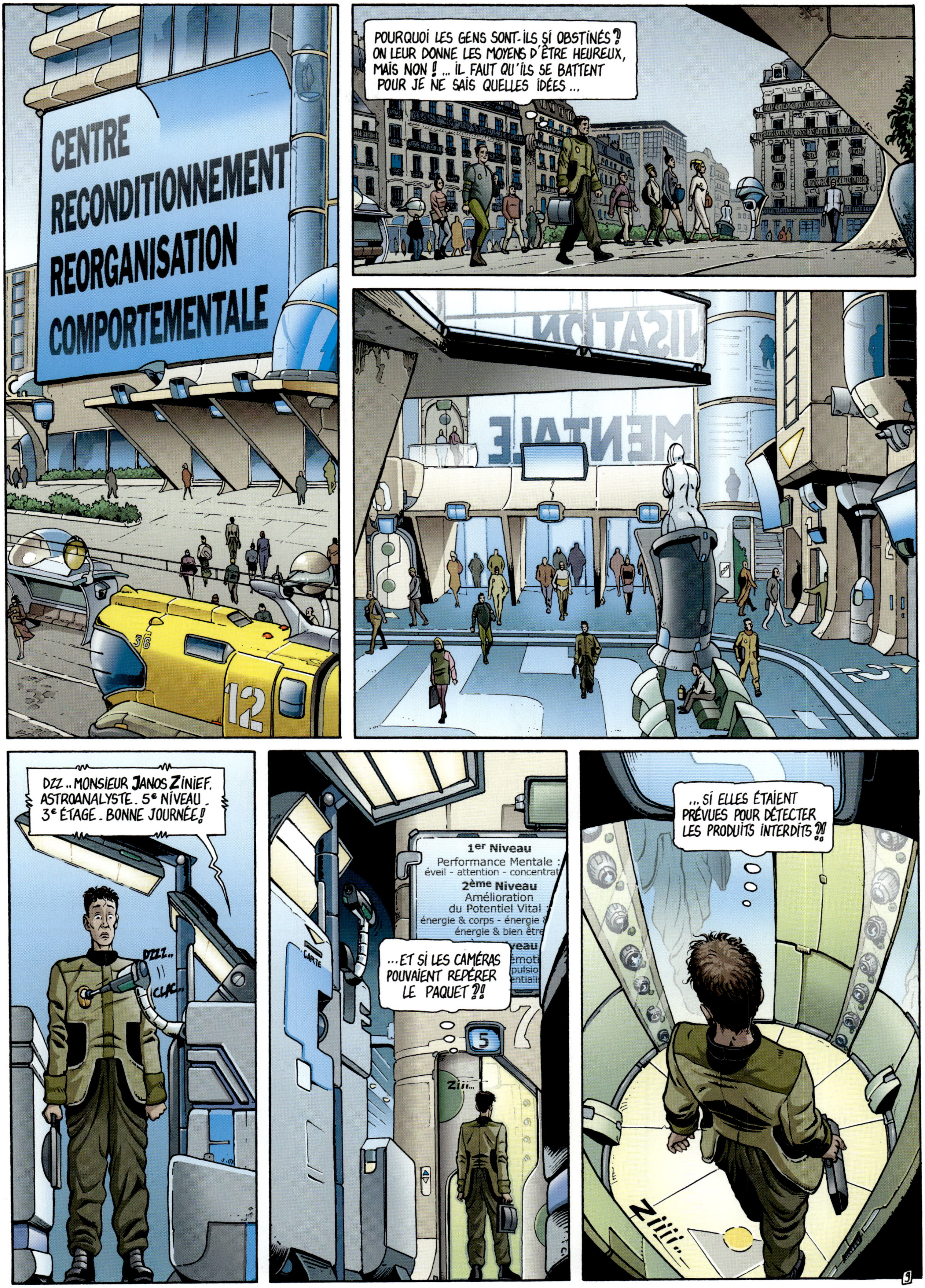
CENTRE
RECONDITIONNEMENT
REORGANISATION
COMPORTEMENTALE
36
12
POURQUOI LES GENS SONT-ILS SI OBSTINÉS ? ON LEUR DONNE LES MOYENS D'ÊTRE HEUREUX, MAIS NON ! ... IL FAUT QU'ILS SE BATTENT POUR JE NE SAIS QUELLES IDÉES ...
DZZ .. MONSIEUR JANOS ZINIEF. ASTROANALYSTE . 5e NIVEAU . 3e ÉTAGE . BONNE JOURNÉE !
DZZZ..
CLAC..
CARTE
1er Niveau
Performance Mentale :
2ème Niveau
Amélioration
du Potentiel Vital
...ET SI LES CAMÉRAS POUVAIENT REPÉRER LE PAQUET ?!
5
Ziii...
... SI ELLES ÉTAIENT PRÉVUES POUR DÉTECTER LES PRODUITS INTERDITS ?!
Ziiii...
9

PAS DE PANIQUE... SURTOUT NE RIEN LAISSER PARAITRE.. LES CAMÉRAS ME SURVEILLENT...
ETAGES
..VOYONS...
ETAGES
... DIS-TOI QUE TOUT VA BIEN... CONCENTRE-TOI SUR TON TRAVAIL!
ASTROANALYSE
3/5
... LA TÊTE BIEN DROITE, LA DÉMARCHE ASSURÉE!
JANOS! TU DONNES L'IMPRESSION D'AVOIR UNE PÊCHE DE NIVEAU NEUF CE MATIN!
Avec
vos frères de vie,
découvrez
le vrai bonheur
...
CÉLIA... TU ES SUPERBE!
Psychologie
Cognition
LA PRÉSENTATION D'HIER SUR TA NOUVELLE TECHNIQUE D'ASTROANALYSE ÉTAIT TRÈS IMPRESSIONNANTE!
TOUT EST PRÊT. JE LANCE L'ENVOI AUJOURD'HUI POUR QU'ILS PUISSENT OPÉRER LE TRANSFERT SUR LA BIOPUCE DES ANGES GARDIENS.

FORMIDABLE! JE SUIS SINCÈREMENT TRÈS SATISFAITE DE TON TRAVAIL. GRÂCE À TOI, NOUS DEVRIONS OBTENIR CETTE ANNÉE LES FÉLICITATIONS ET LA PRIME DE L'ÉQUIPE LA PLUS DYNAMIQUE DU C.R.R.C.
J'ESPÈRE GRIMPER D'UN ÉCHELON AU MINIMUM.
DE TOUTE FAÇON, AVEC CE PROGRAMME... JE MÉRITE LA PLACE DE CÉLIA!
LE PAQUET !?!...
?!
LIBRAIRIE "AU PLAISIR DES MOTS" MILDRED
MERDOUPS!
MEERDE..
BOK..
11

JANOS, EST-CE QUE ÇA VA ?
O.. OUI... JUSTE UN PETIT PROBLÈME DE RANGEMENT...
HEU... JE VAIS FAIRE UN PETIT TOUR AUX TOILETTES, J'AI BESOIN D'UN PEU D'EAU FRAÎCHE...
QU'EST-CE QU'IL CACHE ?...
... JE FOUILLE OU JE LE SUIS ?
JE LE SUIS...
L'ADRESSE DE MON PÈRE... C'EST... IMPOSSIBLE !?!
TUP..
?!
12

ÎL EST LÀ... SURTOUT SOIS DISCRÈTE.
ZZUUU...
PAS DE DOUTE, ÎL EST LE SEUL À AVOIR UNE LIBRAÎRIE À PARIS...
SCRÎTCH..
DES ANTÎBIOTIQUES, DE LA MORPHÎNE, DES ANXIOLYTIQUES...!! QUE DES PRODUÎTS INTERDÎTS !!! ...
SULFANA
SULFANA
SULFANA
!?!
CÉLÎA..
CLOC
.. D'ABORD SE DÉBARRASSER DE ÇA !
TLING..
PLÎNK..
GNNK... RESPÎRE CALMEMENT ...MPHFF.. FF..
TÎIP..
...SURTOUT, NE PAS MONTRER MON ÉNERVEMENT...
13

NOTRE CHAMPION FAIT DES CACHOTTERIES?
TU NOUS FAIS UNE PETITE RÉACTION SOMATIQUE?
M... OUI, JE CROIS...
...J'AI TRAVAILLÉ TOUS LES SOIRS À LA MAISON POUR TERMINER CE PROGRAMME LE PLUS VITE POSSIBLE.
ALORS FORCÉMENT, TU FAIS UN PETIT SURMENAGE... TU CONNAIS LA SOLUTION?
NE T'INQUIÈTE PAS POUR MOI, J'IRAI CE SOIR FAIRE UNE SÉANCE DE RECENTRAGE ÉNERGÉTIQUE AU CENTRE D'ASSISTANCE GRATUITE.
À TA PLACE, JE FERAIS UNE PETITE MÉDITATION EN PLUS. TU SAIS QUE TU METS TOUJOURS UN CERTAIN TEMPS À ACCEPTER TA RÉUSSITE DANS LE DOMAINE PROFESSIONNEL!
TU... TU AS RAISON, IL FAUT QUE JE TIENNE COMPTE DE MES CONTRADICTIONS PERSONNELLES.
LE PAUVRE GARÇON, IL N'A PAS EU LE TEMPS D'AVALER SES PETITS COMPRIMÉS... DÉCIDÉMENT, TOUT PASSE PAR LES TOILETTES! LA DERNIÈRE FOIS, J'AI RÉUSSI À PROUVER QUE LISA SE SHOOTAIT GRÂCE À SES SELLES...
...AUJOURD'HUI, JE SURPRENDS JANOS EN TRAIN DE SE DÉFONCER...
...CHACUN SA FAÇON DE GRAVIR LES ÉCHELONS DE LA RÉUSSITE! MA PLUS GRANDE SATISFACTION, C'EST DE SAVOIR QUE JE VAIS TE FAIRE DESCENDRE TRÈS BAS, JANOS!
14

PARIS
TUTUTU TUU..
CLIC..
PLAISIR
MOTS
JANOS!?
PAPA, J'AI BESOIN DE TE VOIR.
!?!! CÉLIA... BORDEL!! ELLE N'ALLAIT PAS MANQUER DE SUIVRE MA CONVERSATION!
LE TÉLÉPHONE MAINTENANT... IL N'A PAS EU SA DOSE, IL DOIT CHERCHER DES PROVISIONS.
LIBRAIRIE MILDRED
AU PLAISIR DES MOTS
TUUTUTUTU..
...HM!... TU T'ACCROCHES TOUJOURS À TES VIEUX LIVRES?
OUI, ÇA FAIT LONGTEMPS QUE JE N'AI PAS EU DE TES NOUVELLES... COMMENT VAS-TU?
15

TRÈS BIEN, MERCI. EST-CE QUE JE PEUX PASSER TE VOIR CE SOIR ?
?! J'EN SERAI RAVI, MAIS... ?!?
TRÈS BIEN, ALORS À CE SOIR !
MOI, ÇA NE ME RAVIT PAS DU TOUT, PAPA !...
Laissez-vous com... la bén... de la Mater !
IL APPELAIT SON PÈRE ?!? CE VIEUX CINGLÉ ACCROCHÉ À SES LIVRES ANCIENS EST UN DES FONDATEURS DE L'ARQUANTE ! ... JE NE PEUX PAS L'ACCUSER DE FAIRE DU TRAFIC DE MÉDICAMENTS ILLÉGAUX !!
J'AI TROUVÉ LA PLANQUE DE MADAME !
..ANTIBIOTIQUES, CALMANTS, ANTI-INFECTIEUX, MORPHINE ... ET MÊME DES COMPRIMÉS D'ASPIRINE !! ...
D'OÙ VIENNENT CES MÉDICAMENTS ALLOPATHIQUES ?
VOUS POUVEZ TOUJOURS TAPER AÏE.. J..J'EN AI VU .. D'AUTRES !!
PAF..
QUI T'A FAIT PASSER CES CACHETONS ?! RÉPONDS !
16

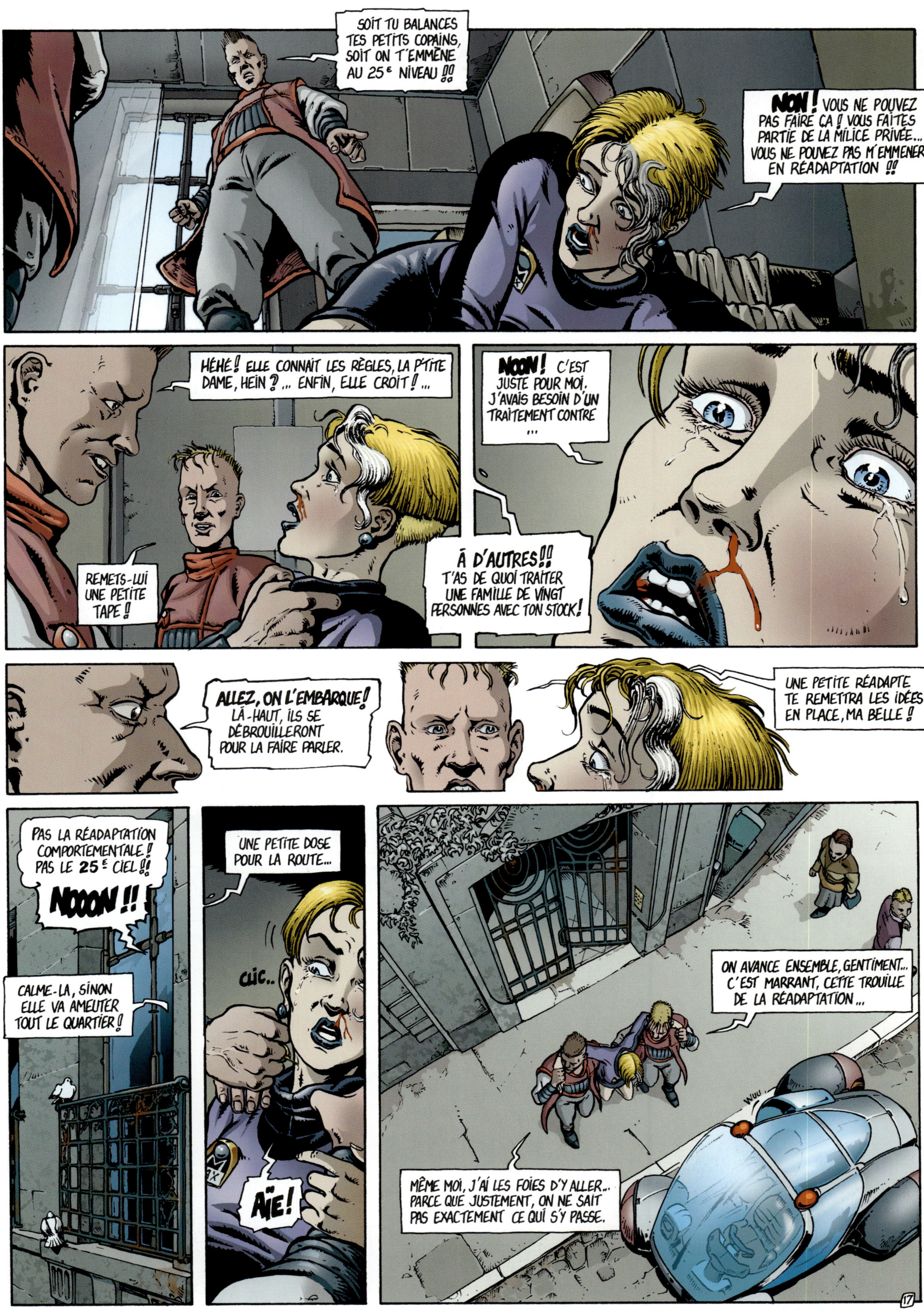
SOIT TU BALANCES TES PETITS COPAINS, SOIT ON T'EMMÈNE AU 25E NIVEAU !!
NON ! VOUS NE POUVEZ PAS FAIRE ÇA ! VOUS FAITES PARTIE DE LA MILICE PRIVÉE... VOUS NE POUVEZ PAS M'EMMENER EN RÉADAPTATION !!
HÉHÉ ! ELLE CONNAÎT LES RÈGLES, LA P'TITE DAME, HEIN ?... ENFIN, ELLE CROIT !...
REMETS-LUI UNE PETITE TAPE !
NOON ! C'EST JUSTE POUR MOI. J'AVAIS BESOIN D'UN TRAITEMENT CONTRE ...
À D'AUTRES !! T'AS DE QUOI TRAITER UNE FAMILLE DE VINGT PERSONNES AVEC TON STOCK !
ALLEZ, ON L'EMBARQUE ! LÀ-HAUT, ILS SE DÉBROUILLERONT POUR LA FAIRE PARLER.
UNE PETITE RÉADAPTE TE REMETTRA LES IDÉES EN PLACE, MA BELLE !
PAS LA RÉADAPTATION COMPORTEMENTALE ! PAS LE 25E CIEL !!
NOOON !!
CALME-LA, SINON ELLE VA AMEUTER TOUT LE QUARTIER !
UNE PETITE DOSE POUR LA ROUTE...
CLIC..
AÏE !
ON AVANCE ENSEMBLE, GENTIMENT... C'EST MARRANT, CETTE TROUILLE DE LA RÉADAPTATION...
MÊME MOI, J'AI LES FOIES D'Y ALLER... PARCE QUE JUSTEMENT, ON NE SAIT PAS EXACTEMENT CE QUI S'Y PASSE.
WUU
17

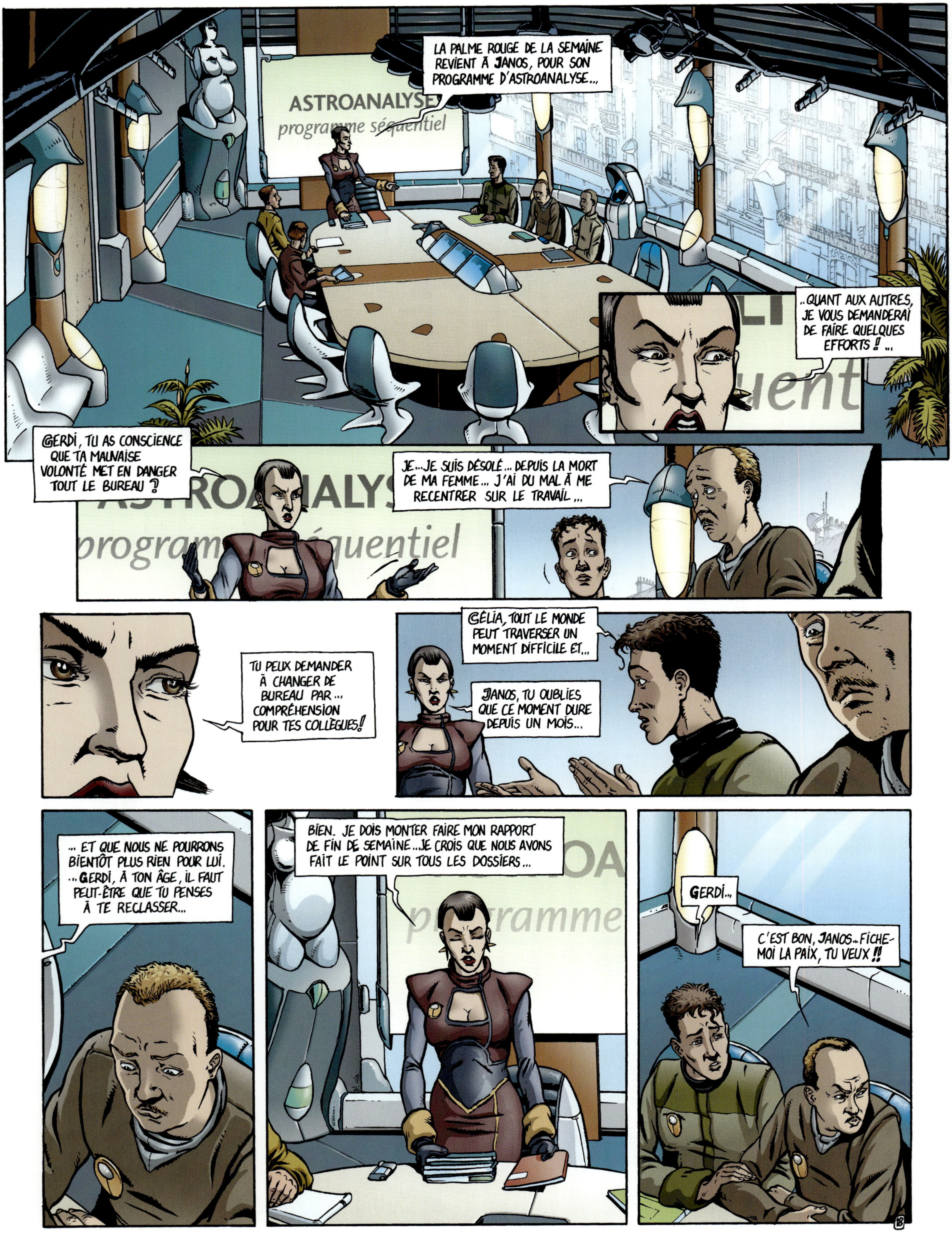
LA PALME ROUGE DE LA SEMAINE REVIENT À JANOS, POUR SON PROGRAMME D'ASTROANALYSE...
ASTROANALYSE
programme séquentiel
..QUANT AUX AUTRES, JE VOUS DEMANDERAI DE FAIRE QUELQUES EFFORTS ! ...
GERDI, TU AS CONSCIENCE QUE TA MAUVAISE VOLONTÉ MET EN DANGER TOUT LE BUREAU ?
JE... JE SUIS DÉSOLÉ... DEPUIS LA MORT DE MA FEMME... J'AI DU MAL À ME RECENTRER SUR LE TRAVAIL...
TU PEUX DEMANDER À CHANGER DE BUREAU PAR... COMPRÉHENSION POUR TES COLLÈGUES !
GÉLIA, TOUT LE MONDE PEUT TRAVERSER UN MOMENT DIFFICILE ET...
JANOS, TU OUBLIES QUE CE MOMENT DURE DEPUIS UN MOIS...
... ET QUE NOUS NE POURRONS BIENTÔT PLUS RIEN POUR LUI. ...GERDI, À TON ÂGE, IL FAUT PEUT-ÊTRE QUE TU PENSES À TE RECLASSER...
BIEN. JE DOIS MONTER FAIRE MON RAPPORT DE FIN DE SEMAINE... JE CROIS QUE NOUS AVONS FAIT LE POINT SUR TOUS LES DOSSIERS...
GERDI..
C'EST BON, JANOS.. FICHE-MOI LA PAIX, TU VEUX !!
18

SI JE NE QUITTE PAS LE BUREAU DE MA PROPRE INITIATIVE, MADEMOISELLE S'ARRANGERA POUR QUE JE SOIS MIS SUR LA TOUCHE, C'EST CE QU'ELLE A FAIT POUR LISA!!
ELLE NE VA SURTOUT PAS SE PRIVER DE CRACHER SUR MON DOS... CETTE FOIS ENCORE!
18 07
...ÇA TE FAIT JOUIR DE BOUSILLER LA VIE DES AUTRES?!
CE QUE JE PRÉFÈRE, MESSIEURS, C'EST DE SAVOIR QUE JE VOUS TIENS PAR LES COUILLES!
TING..
ychologie
23
2
ZIII
ET MAINTENANT, AU TOUR DE JANOS!
POURQUOI M'A-T-ELLE REGARDÉ COMME ÇA ... FIXEMENT?!
TING..
TING..
ZIII
?!

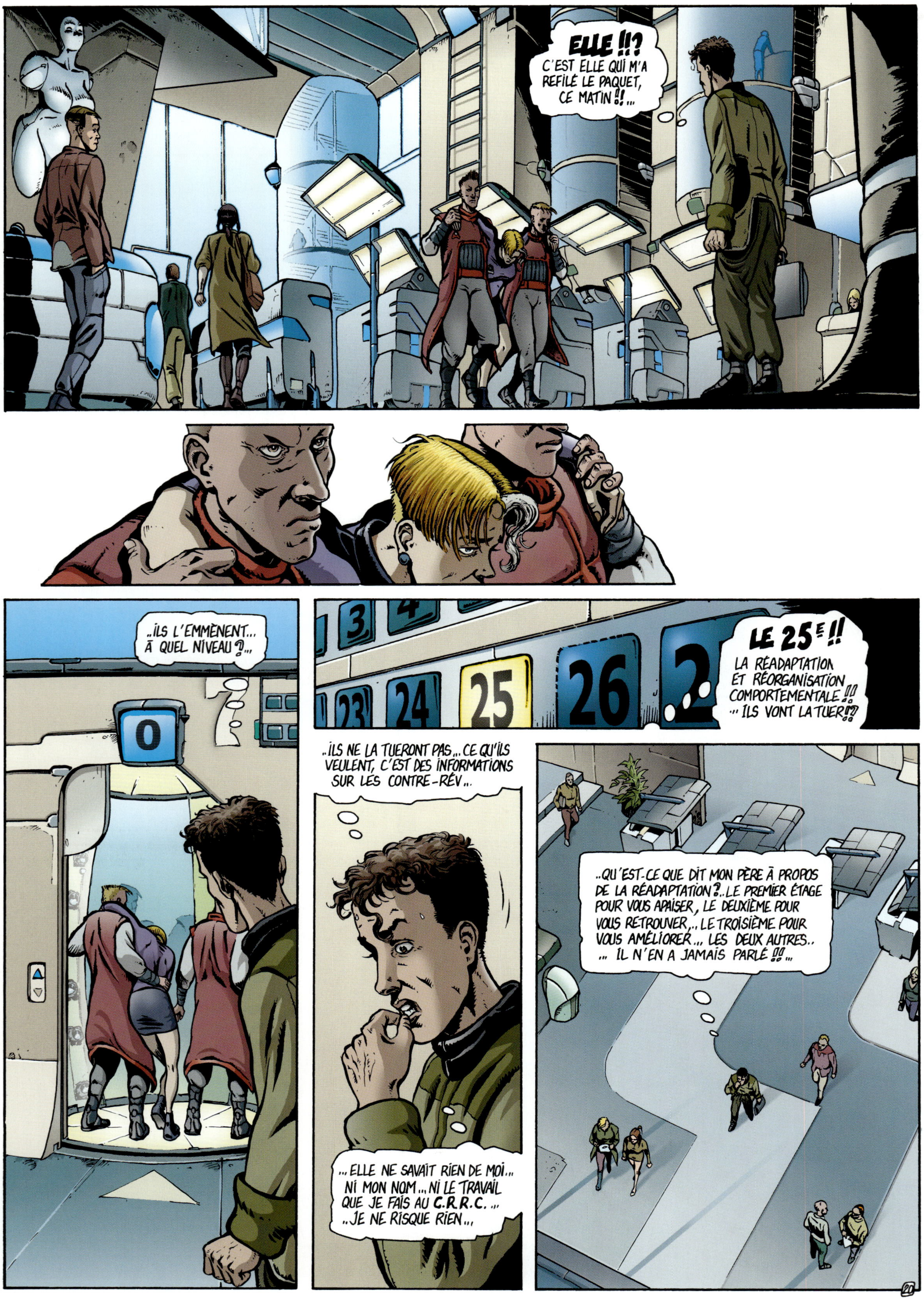
ELLE !!?
C'EST ELLE QUI M'A REFILÉ LE PAQUET, CE MATIN !!...
..ILS L'EMMÈNENT... À QUEL NIVEAU ?...
LE 25E !!
LA RÉADAPTATION ET RÉORGANISATION COMPORTEMENTALE !!
... ILS VONT LA TUER !?
..ILS NE LA TUERONT PAS... CE QU'ILS VEULENT, C'EST DES INFORMATIONS SUR LES CONTRE-RÉV...
... ELLE NE SAVAIT RIEN DE MOI... NI MON NOM... NI LE TRAVAIL QUE JE FAIS AU C.R.R.C. ...
..JE NE RISQUE RIEN...
..QU'EST-CE QUE DIT MON PÈRE À PROPOS DE LA RÉADAPTATION ?..LE PREMIER ÉTAGE POUR VOUS APAISER, LE DEUXIÈME POUR VOUS RETROUVER... LE TROISIÈME POUR VOUS AMÉLIORER... LES DEUX AUTRES..
... IL N'EN A JAMAIS PARLÉ !!...
20

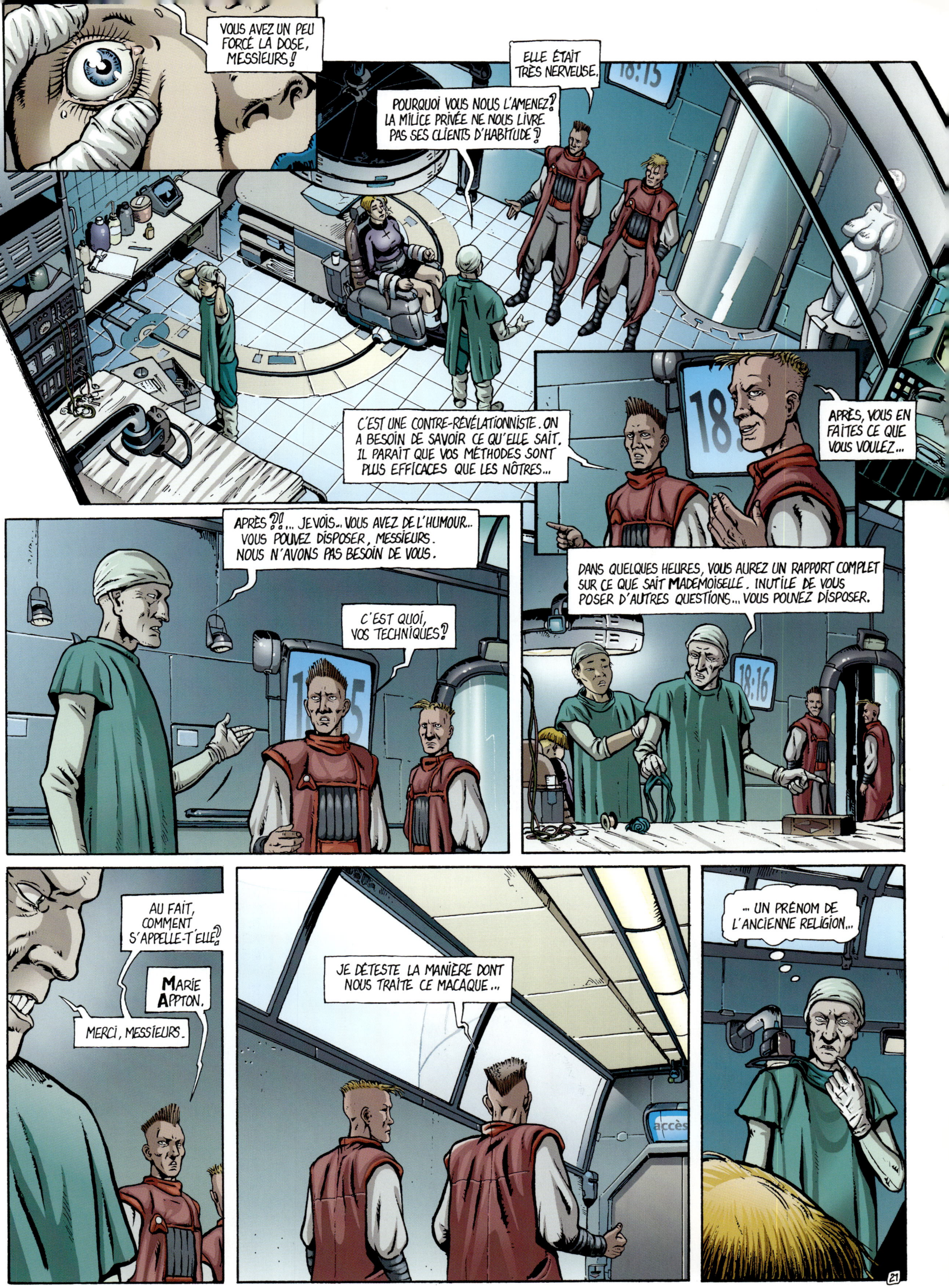
VOUS AVEZ UN PEU FORCÉ LA DOSE, MESSIEURS !
ELLE ÉTAIT TRÈS NERVEUSE.
18:15
POURQUOI VOUS NOUS L'AMENEZ ? LA MILICE PRIVÉE NE NOUS LIVRE PAS SES CLIENTS D'HABITUDE ?
C'EST UNE CONTRE-RÉVÉLATIONNISTE. ON A BESOIN DE SAVOIR CE QU'ELLE SAIT. IL PARAIT QUE VOS MÉTHODES SONT PLUS EFFICACES QUE LES NÔTRES...
APRÈS, VOUS EN FAITES CE QUE VOUS VOULEZ...
APRÈS ?!... JE VOIS... VOUS AVEZ DE L'HUMOUR... VOUS POUVEZ DISPOSER, MESSIEURS. NOUS N'AVONS PAS BESOIN DE VOUS.
C'EST QUOI, VOS TECHNIQUES ?
DANS QUELQUES HEURES, VOUS AUREZ UN RAPPORT COMPLET SUR CE QUE SAIT MADEMOISELLE. INUTILE DE VOUS POSER D'AUTRES QUESTIONS... VOUS POUVEZ DISPOSER.
18:16
AU FAIT, COMMENT S'APPELLE-T-ELLE ?
MARIE APPTON.
MERCI, MESSIEURS.
JE DÉTESTE LA MANIÈRE DONT NOUS TRAITE CE MACAQUE...
accès
... UN PRÉNOM DE L'ANCIENNE RELIGION...
21

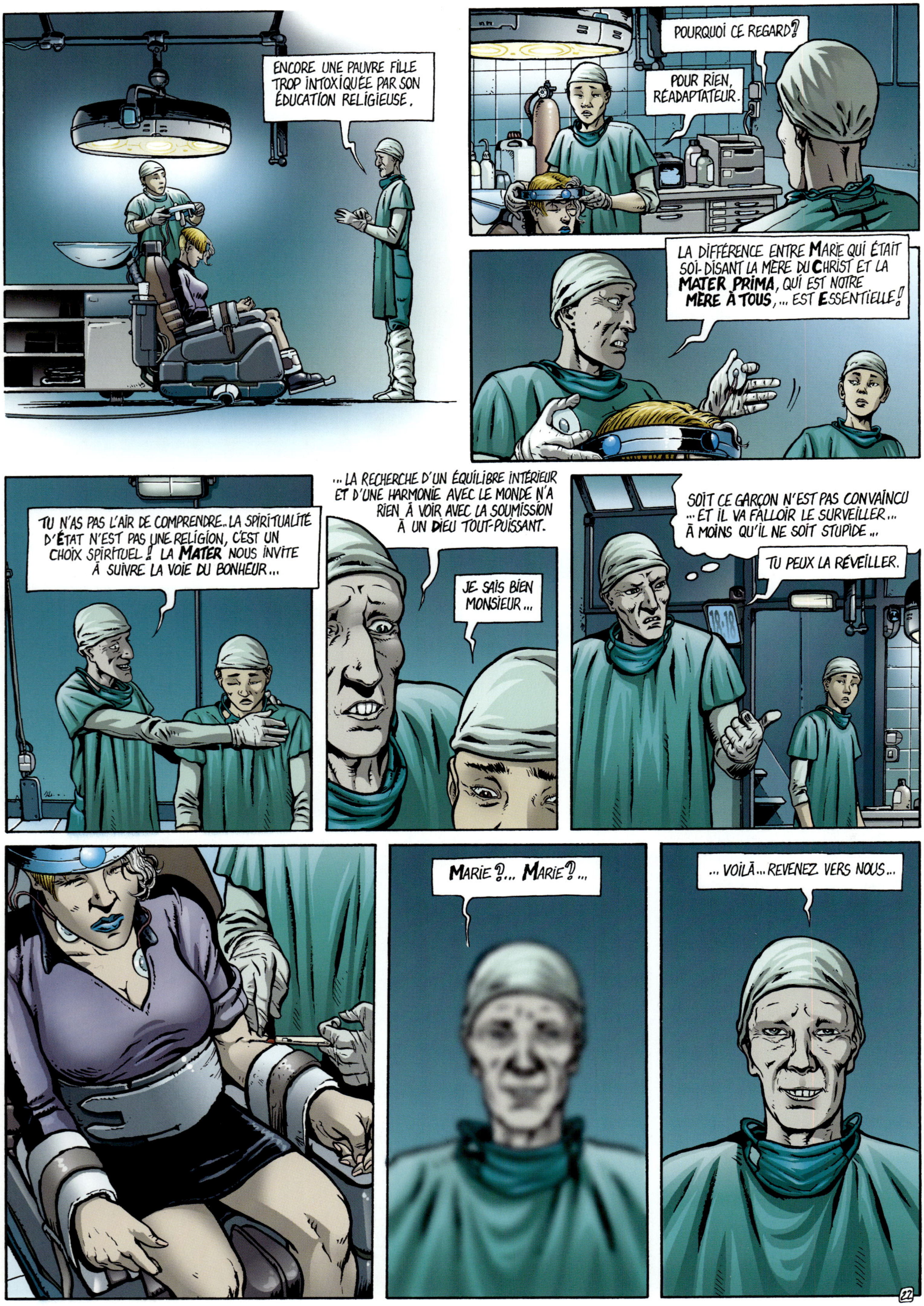
ENCORE UNE PAUVRE FILLE TROP INTOXIQUÉE PAR SON ÉDUCATION RELIGIEUSE.
POURQUOI CE REGARD?
POUR RIEN, RÉADAPTATEUR.
LA DIFFÉRENCE ENTRE MARIE QUI ÉTAIT SOI-DISANT LA MÈRE DU CHRIST ET LA MATER PRIMA, QUI EST NOTRE MÈRE À TOUS, ... EST ESSENTIELLE!
TU N'AS PAS L'AIR DE COMPRENDRE.. LA SPIRITUALITÉ D'ÉTAT N'EST PAS UNE RELIGION, C'EST UN CHOIX SPIRITUEL! LA MATER NOUS INVITE À SUIVRE LA VOIE DU BONHEUR...
... LA RECHERCHE D'UN ÉQUILIBRE INTÉRIEUR ET D'UNE HARMONIE AVEC LE MONDE N'A RIEN À VOIR AVEC LA SOUMISSION À UN DIEU TOUT-PUISSANT.
JE SAIS BIEN MONSIEUR...
SOIT CE GARÇON N'EST PAS CONVAINCU ... ET IL VA FALLOIR LE SURVEILLER... À MOINS QU'IL NE SOIT STUPIDE...
TU PEUX LA RÉVEILLER.
MARIE?... MARIE?...
... VOILÀ... REVENEZ VERS NOUS...
22

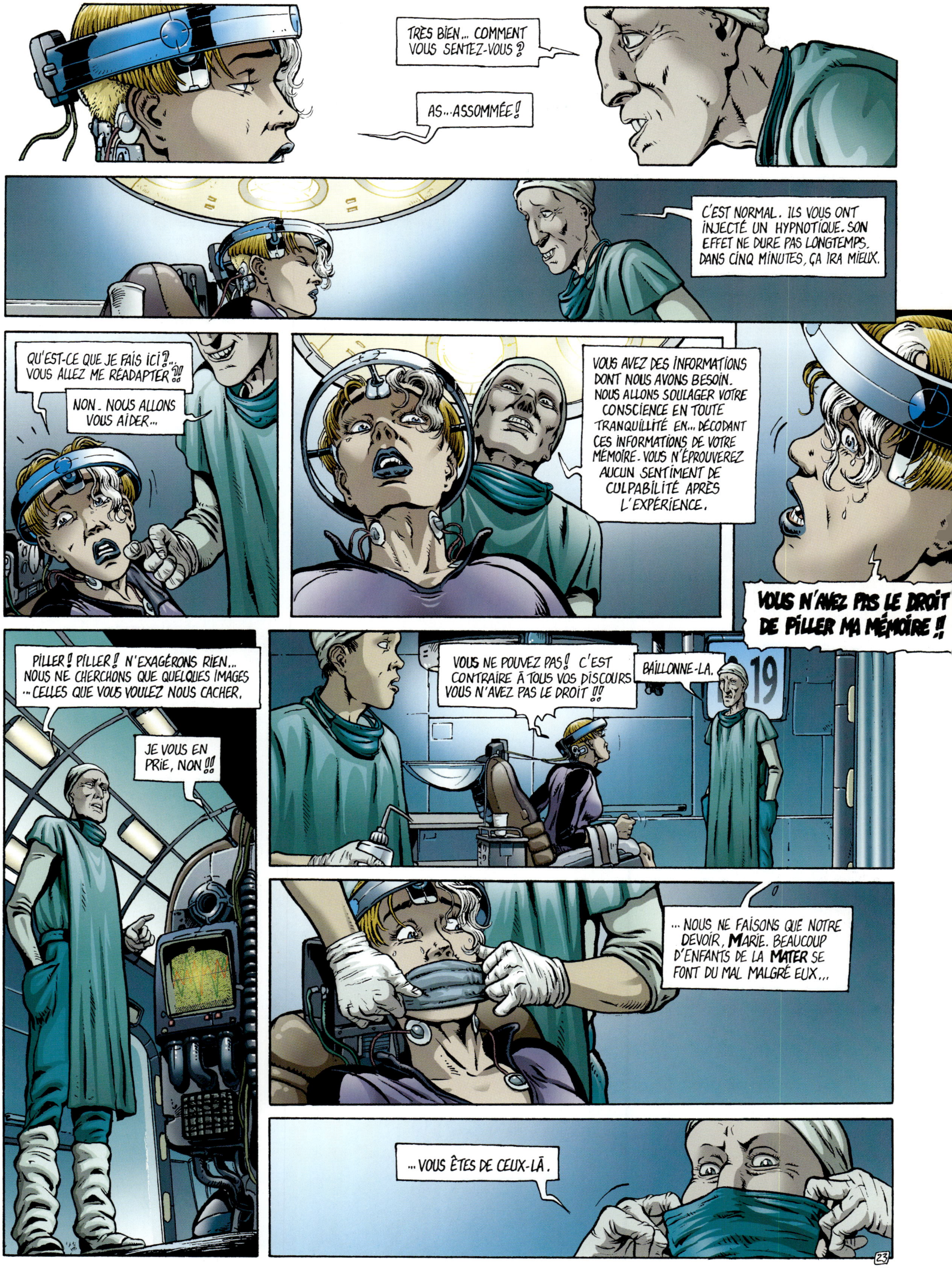
TRÈS BIEN... COMMENT VOUS SENTEZ-VOUS ?
AS... ASSOMMÉE !
C'EST NORMAL. ILS VOUS ONT INJECTÉ UN HYPNOTIQUE. SON EFFET NE DURE PAS LONGTEMPS. DANS CINQ MINUTES, ÇA IRA MIEUX.
QU'EST-CE QUE JE FAIS ICI ?... VOUS ALLEZ ME RÉADAPTER ?!!
NON. NOUS ALLONS VOUS AIDER...
VOUS AVEZ DES INFORMATIONS DONT NOUS AVONS BESOIN. NOUS ALLONS SOULAGER VOTRE CONSCIENCE EN TOUTE TRANQUILLITÉ EN... DÉCODANT CES INFORMATIONS DE VOTRE MÉMOIRE. VOUS N'ÉPROUVEREZ AUCUN SENTIMENT DE CULPABILITÉ APRÈS L'EXPÉRIENCE.
VOUS N'AVEZ PAS LE DROIT DE PILLER MA MÉMOIRE !!
PILLER ! PILLER ! N'EXAGÉRONS RIEN... NOUS NE CHERCHONS QUE QUELQUES IMAGES ... CELLES QUE VOUS VOULEZ NOUS CACHER.
JE VOUS EN PRIE, NON !!!
VOUS NE POUVEZ PAS ! C'EST CONTRAIRE À TOUS VOS DISCOURS. VOUS N'AVEZ PAS LE DROIT !!!
BÂILLONNE-LA.
19
... NOUS NE FAISONS QUE NOTRE DEVOIR, MARIE. BEAUCOUP D'ENFANTS DE LA MATER SE FONT DU MAL MALGRÉ EUX...
... VOUS ÊTES DE CEUX-LÀ.
23

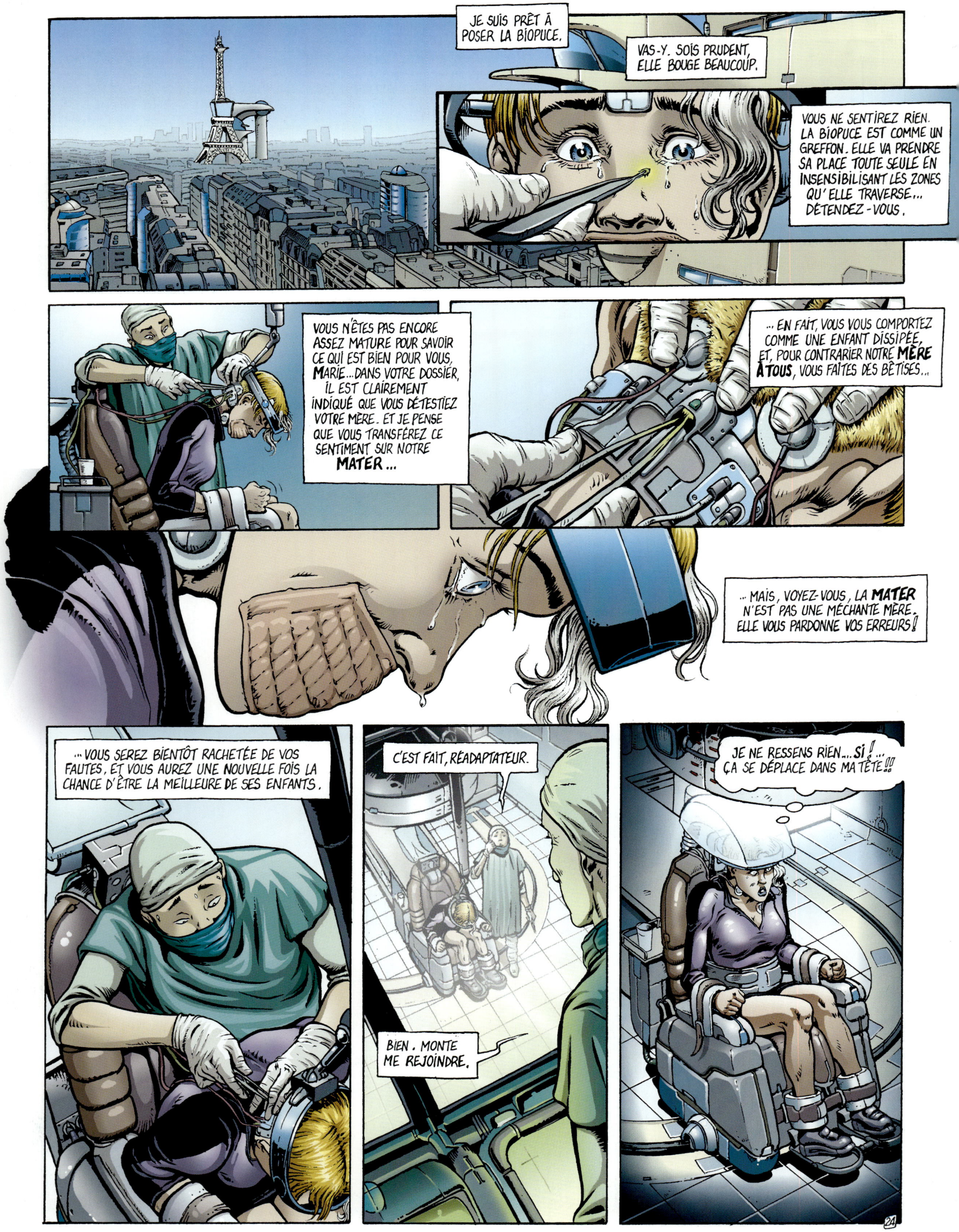
JE SUIS PRÊT À POSER LA BIOPUCE.
VAS-Y. SOIS PRUDENT, ELLE BOUGE BEAUCOUP.
VOUS NE SENTIREZ RIEN. LA BIOPUCE EST COMME UN GREFFON. ELLE VA PRENDRE SA PLACE TOUTE SEULE EN INSENSIBILISANT LES ZONES QU'ELLE TRAVERSE... DÉTENDEZ-VOUS.
VOUS N'ÊTES PAS ENCORE ASSEZ MATURE POUR SAVOIR CE QUI EST BIEN POUR VOUS, MARIE... DANS VOTRE DOSSIER, IL EST CLAIREMENT INDIQUÉ QUE VOUS DÉTESTIEZ VOTRE MÈRE. ET JE PENSE QUE VOUS TRANSFÉREZ CE SENTIMENT SUR NOTRE MATER...
... EN FAIT, VOUS VOUS COMPORTEZ COMME UNE ENFANT DISSIPÉE, ET, POUR CONTRARIER NOTRE MÈRE À TOUS, VOUS FAITES DES BÊTISES...
... MAIS, VOYEZ-VOUS, LA MATER N'EST PAS UNE MÉCHANTE MÈRE. ELLE VOUS PARDONNE VOS ERREURS !
... VOUS SEREZ BIENTÔT RACHETÉE DE VOS FAUTES, ET VOUS AUREZ UNE NOUVELLE FOIS LA CHANCE D'ÊTRE LA MEILLEURE DE SES ENFANTS.
C'EST FAIT, RÉADAPTATEUR.
BIEN. MONTE ME REJOINDRE.
JE NE RESSENS RIEN... SI !... ÇA SE DÉPLACE DANS MA TÊTE !!!
24

... ENCORE QUELQUES SECONDES, ET LA BIOPUCE SERA EN PLACE...
REGARDEZ ! L'IMAGE SE STABILISE.. ELLE VA SE CONNECTER.
.. JE... NE SENS PLUS RIEN...
JE NE VEUX PAS !!
ON Y EST !
DÉCONTRACTEZ-VOUS, MARIE ! VOUS ÊTES EN TRAIN DE VOUS FAIRE DU MAL. PLUS VOUS SEREZ TENDUE, PLUS LE GREFFON VA ABÎMER VOS TISSUS POUR SE PLACER !
M... MONSIEUR... J'AI BESOIN DE SORTIR QUELQUES MINUTES...
QU'EST-CE QU'IL T'ARRIVE ?
... SIMPLEMENT PRENDRE L'AIR, JE...
TU ES TROP SENSIBLE, MON PETIT.. RESSAISIS-TOI ! RESTE LÀ ET SURVEILLE LES ÉCRANS !!
JE VAIS VOUS INOCULER UN DÉCONTRACTANT MUSCULAIRE POUR QUE CE SOIT MOINS DOULOUREUX.
25

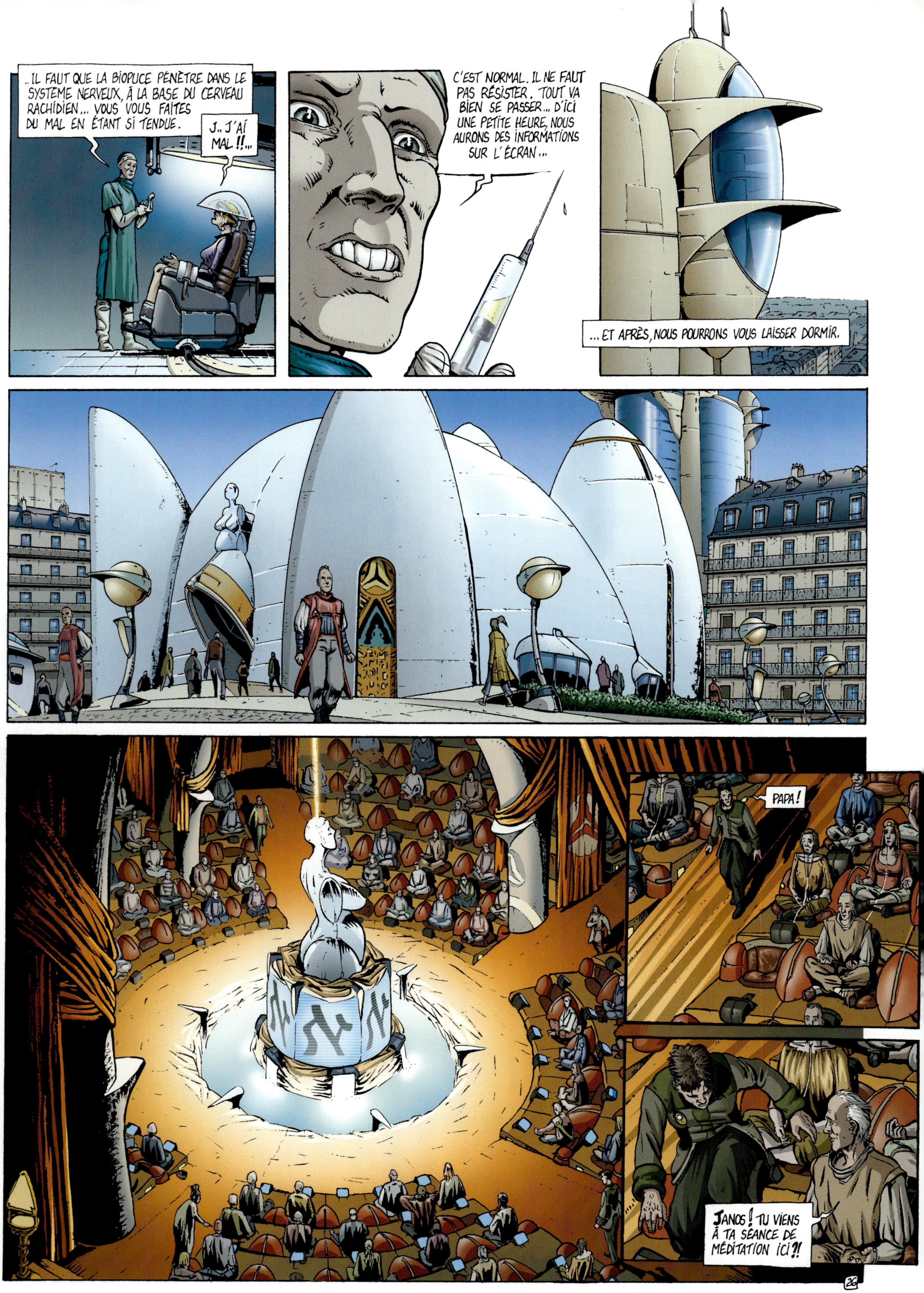
..IL FAUT QUE LA BIOPUCE PÉNÈTRE DANS LE SYSTEME NERVEUX, À LA BASE DU CERVEAU RACHIDIEN... VOUS VOUS FAITES DU MAL EN ÉTANT SI TENDUE.
J.. J'AI MAL !!...
C'EST NORMAL. IL NE FAUT PAS RÉSISTER. TOUT VA BIEN SE PASSER... D'ICI UNE PETITE HEURE, NOUS AURONS DES INFORMATIONS SUR L'ÉCRAN...
...ET APRÈS, NOUS POURRONS VOUS LAISSER DORMIR.
PAPA !
JANOS ! TU VIENS À TA SÉANCE DE MÉDITATION ICI ?!
26

TU PEUX T'INSTALLER... NOUS N'AVONS PAS MÉDITÉ ENSEMBLE DEPUIS TON ENFANCE.
JE VOULAIS JUSTE TE VOIR POUR ÉCLAIRCIR UNE SITUATION... EST-CE QU'IL Y A DES CAMÉRAS ICI ?
TU N'ES PLUS UN ENFANT, JANOS, ALORS, POUR CETTE FOIS, ESSAIE AU MOINS DE TE CONCENTRER... APRÈS LA SÉANCE DE MÉDITATION COLLECTIVE, NOUS PARLERONS.
EXCUSE-MOI.
IL ME PREND TOUJOURS AUTANT AU SÉRIEUX ! JE VAIS ÊTRE SAGE COMME UNE IMAGE, PAPA... COMME CELLE QUE TU CONTEMPLES DEPUIS DES ANNÉES !...
...JE SUIS TENDU COMME UN ARC !... IL FAUT QUE JE PRENNE MA DOSE TOUT DE SUITE...
OUF !... JE ME SENS MIEUX... DANS QUELQUES MINUTES, JE SERAI AUX ANGES !
JANOS, TU N'AS PAS BESOIN DE CELA POUR MÉDITER.
J'ÉTAIS SÛR QUE TU ME FERAIS LA REMARQUE !
EXCUSE-MOI... TU FAIS COMME TU VEUX.
ILS NE MÉDITENT PAS... ILS SONT TOUS À MOITIÉ SHOOTÉS PAR LES DOSES QU'ON LEUR DONNE...
... ILS SONT LÀ TES ENFANTS, MATER... S'ABREUVANT À TON SEIN COMME AUTANT DE NOURRISSONS AFFAMÉS. TU PEUX ÊTRE FIÈRE DE CE QU'ILS SONT DEVENUS... ORGUEILLEUX, MÉFIANTS, SOUMIS, CALCULATEURS...
27

... LE BONHEUR, ILS L'AVALENT ! COMME S'IL S'AGISSAIT DE DÉVORER UNE ÉVIDENCE SANS CHERCHER À COMPRENDRE LE SENS DE CE MOT. JE NE SUIS PAS SÛR QU'ILS SACHENT ENCORE DÉSIRER !...
...TU N'ES QU'UNE IDOLE DE PLUS ... UN MENSONGE... PIRE QU'UN CONTE DE FÉES !!
BOM..
?!.. ELLE A UN MALAISE !!
DU LAIT ?!?
JUSQUE LÀ, ILS INGURGITAIENT UN TRÈS LÉGER HYPNOTIQUE ?! ...
... MORTE ! ELLE EST MORTE !!
JANOS A AVALÉ CE LAIT !!
28

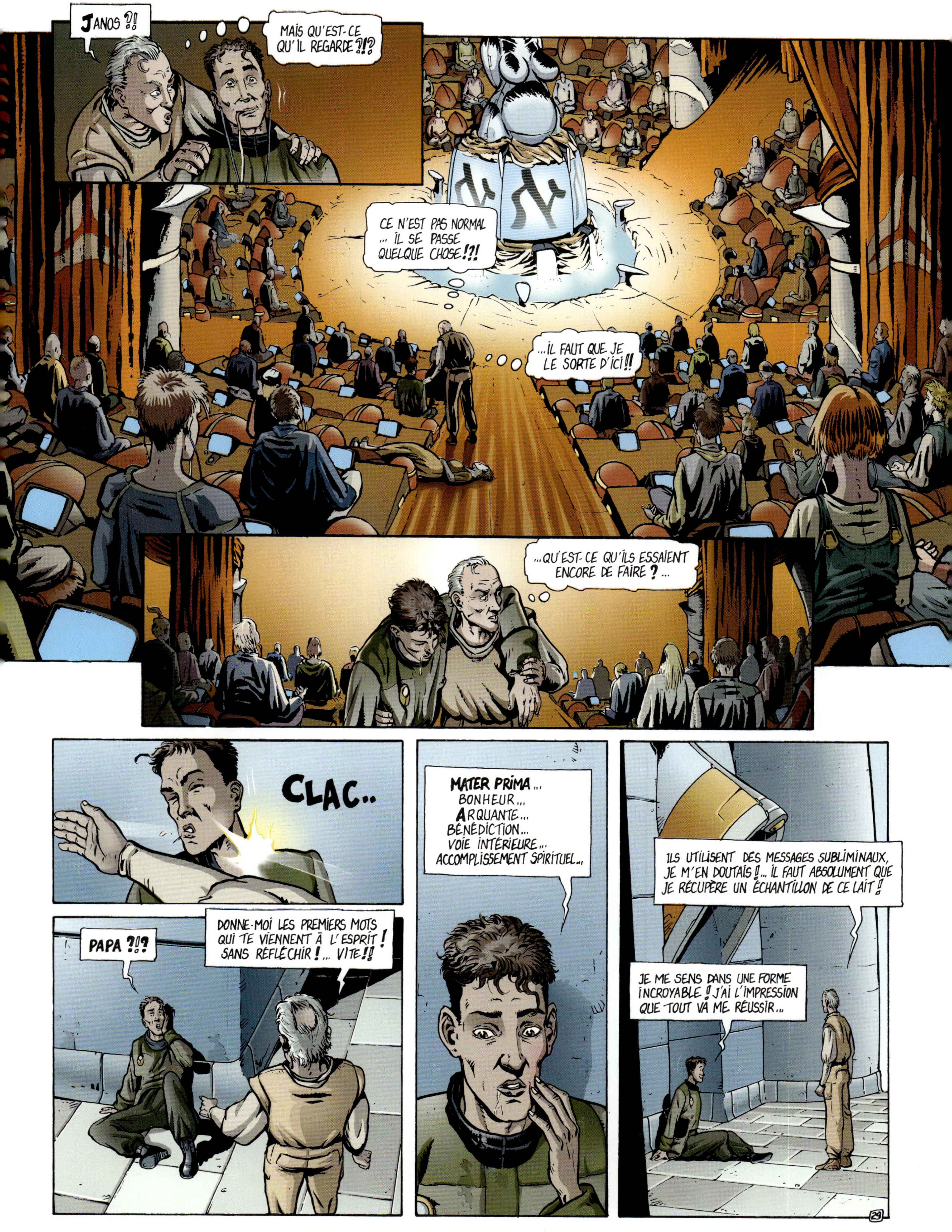
JANOS ?!
MAIS QU'EST-CE QU'IL REGARDE ?!?
CE N'EST PAS NORMAL ... IL SE PASSE QUELQUE CHOSE !?!
...IL FAUT QUE JE LE SORTE D'ICI !!
...QU'EST-CE QU'ILS ESSAIENT ENCORE DE FAIRE ? ...
CLAC..
PAPA ?!?
DONNE-MOI LES PREMIERS MOTS QUI TE VIENNENT À L'ESPRIT ! SANS RÉFLÉCHIR !... VITE !!
MATER PRIMA... BONHEUR... ARQUANTE... BÉNÉDICTION... VOIE INTÉRIEURE... ACCOMPLISSEMENT SPIRITUEL...
ILS UTILISENT DES MESSAGES SUBLIMINAUX, JE M'EN DOUTAIS !... IL FAUT ABSOLUMENT QUE JE RÉCUPÈRE UN ÉCHANTILLON DE CE LAIT !
JE ME SENS DANS UNE FORME INCROYABLE ! J'AI L'IMPRESSION QUE TOUT VA ME RÉUSSIR...
29

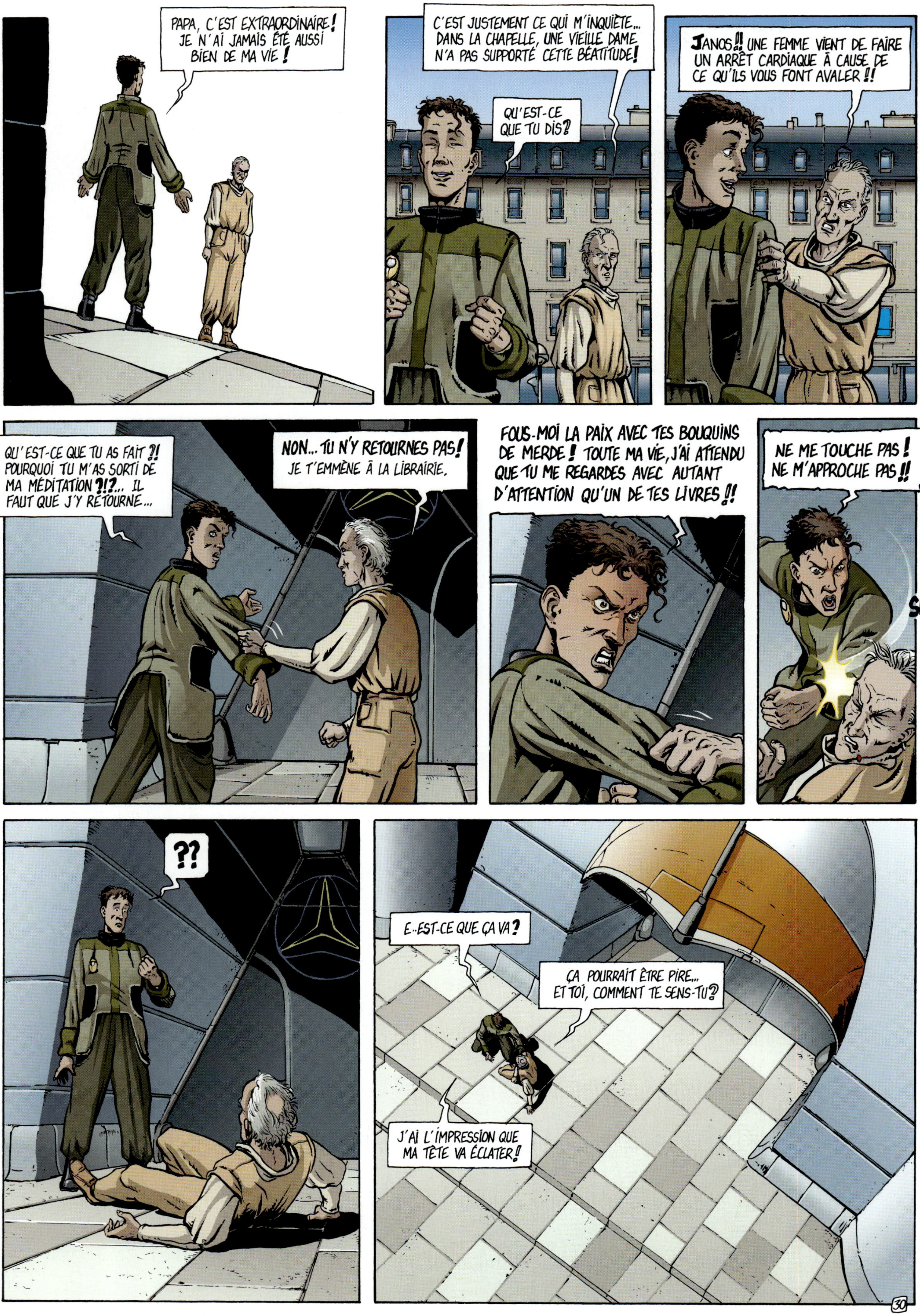
PAPA, C'EST EXTRAORDINAIRE ! JE N'AI JAMAIS ÉTÉ AUSSI BIEN DE MA VIE !
C'EST JUSTEMENT CE QUI M'INQUIÈTE... DANS LA CHAPELLE, UNE VIEILLE DAME N'A PAS SUPPORTÉ CETTE BÉATITUDE !
QU'EST-CE QUE TU DIS ?
JANOS !! UNE FEMME VIENT DE FAIRE UN ARRÊT CARDIAQUE À CAUSE DE CE QU'ILS VOUS FONT AVALER !!
QU'EST-CE QUE TU AS FAIT ?! POURQUOI TU M'AS SORTI DE MA MÉDITATION ?!?... IL FAUT QUE J'Y RETOURNE...
NON... TU N'Y RETOURNES PAS ! JE T'EMMÈNE À LA LIBRAIRIE.
FOUS-MOI LA PAIX AVEC TES BOUQUINS DE MERDE ! TOUTE MA VIE, J'AI ATTENDU QUE TU ME REGARDES AVEC AUTANT D'ATTENTION QU'UN DE TES LIVRES !!
NE ME TOUCHE PAS ! NE M'APPROCHE PAS !!
SPÖ..
??
E..EST-CE QUE ÇA VA ?
ÇA POURRAIT ÊTRE PIRE... ET TOI, COMMENT TE SENS-TU ?
J'AI L'IMPRESSION QUE MA TÊTE VA ÉCLATER !
30

C'EST NORMAL... JE NE SAIS PAS CE QU'ILS VOUS FONT AVALER, MAIS TA RÉACTION LAISSE SUPPOSER UN ÉTAT DE DÉPENDANCE TRÈS FORT... VIENS, ON RENTRE !
QU'EST-CE QU'ILS ONT ?
IL Y A QUELQUES MINUTES À PEINE, TU AVAIS LE MÊME SOURIRE BÉAT...
!!!
LA BÉNÉDICTION VA ÊTRE UN GRAND MOMENT... JE SUIS PRESSÉ D'Y ÊTRE !!
LA BÉNÉDICTION COMMENCE LA SEMAINE PROCHAINE... JANOS, RACONTE-MOI CE QUE TU SAIS SUR CET ÉVÉNEMENT.
Retrouver son coeur d'enf
avec
...ENCORE QUELQUES JOURS, ET CEUX QUI SÈMENT DANS LES LARMES... RECUEILLERONT DANS LA JOIE !
C'EST BEAU CE QUE TU DIS !... TU AS VU ? UNE VIEILLE EST MORTE PENDANT LA MÉDITATION.
OUI, UNE BIENHEUREUSE... JE VAIS PRÉVENIR LA SÉRÉNITÉ.
Guérit toi
CMT
Centre
31

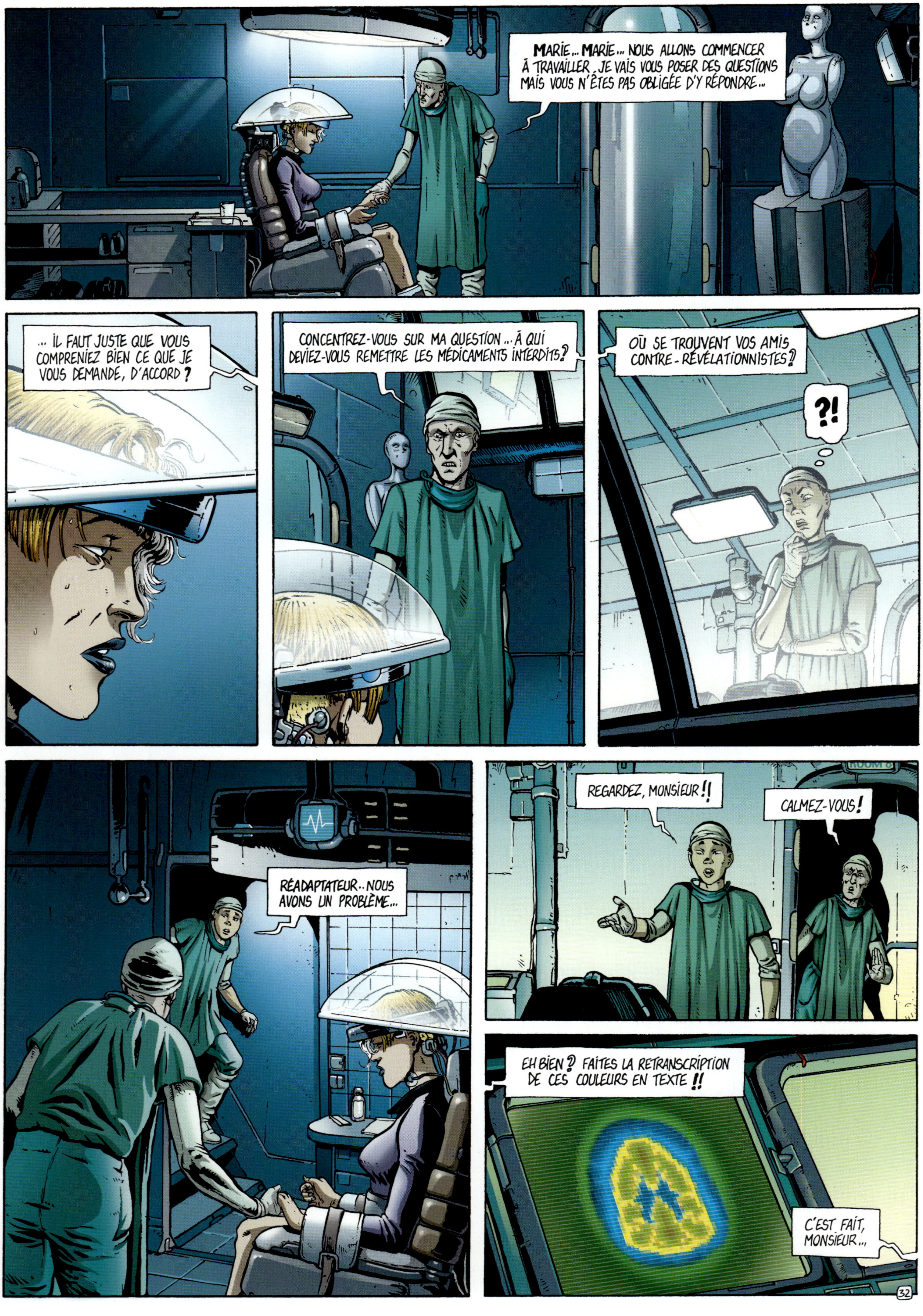
MARIE... MARIE... NOUS ALLONS COMMENCER À TRAVAILLER. JE VAIS VOUS POSER DES QUESTIONS MAIS VOUS N'ÊTES PAS OBLIGÉE D'Y RÉPONDRE...
... IL FAUT JUSTE QUE VOUS COMPRENIEZ BIEN CE QUE JE VOUS DEMANDE, D'ACCORD ?
CONCENTREZ-VOUS SUR MA QUESTION... À QUI DEVIEZ-VOUS REMETTRE LES MÉDICAMENTS INTERDITS ?
OÙ SE TROUVENT VOS AMIS CONTRE-RÉVÉLATIONNISTES ?
?!
RÉADAPTATEUR.. NOUS AVONS UN PROBLÈME...
REGARDEZ, MONSIEUR !!
CALMEZ-VOUS !
EH BIEN ? FAITES LA RETRANSCRIPTION DE CES COULEURS EN TEXTE !!
C'EST FAIT, MONSIEUR...
32

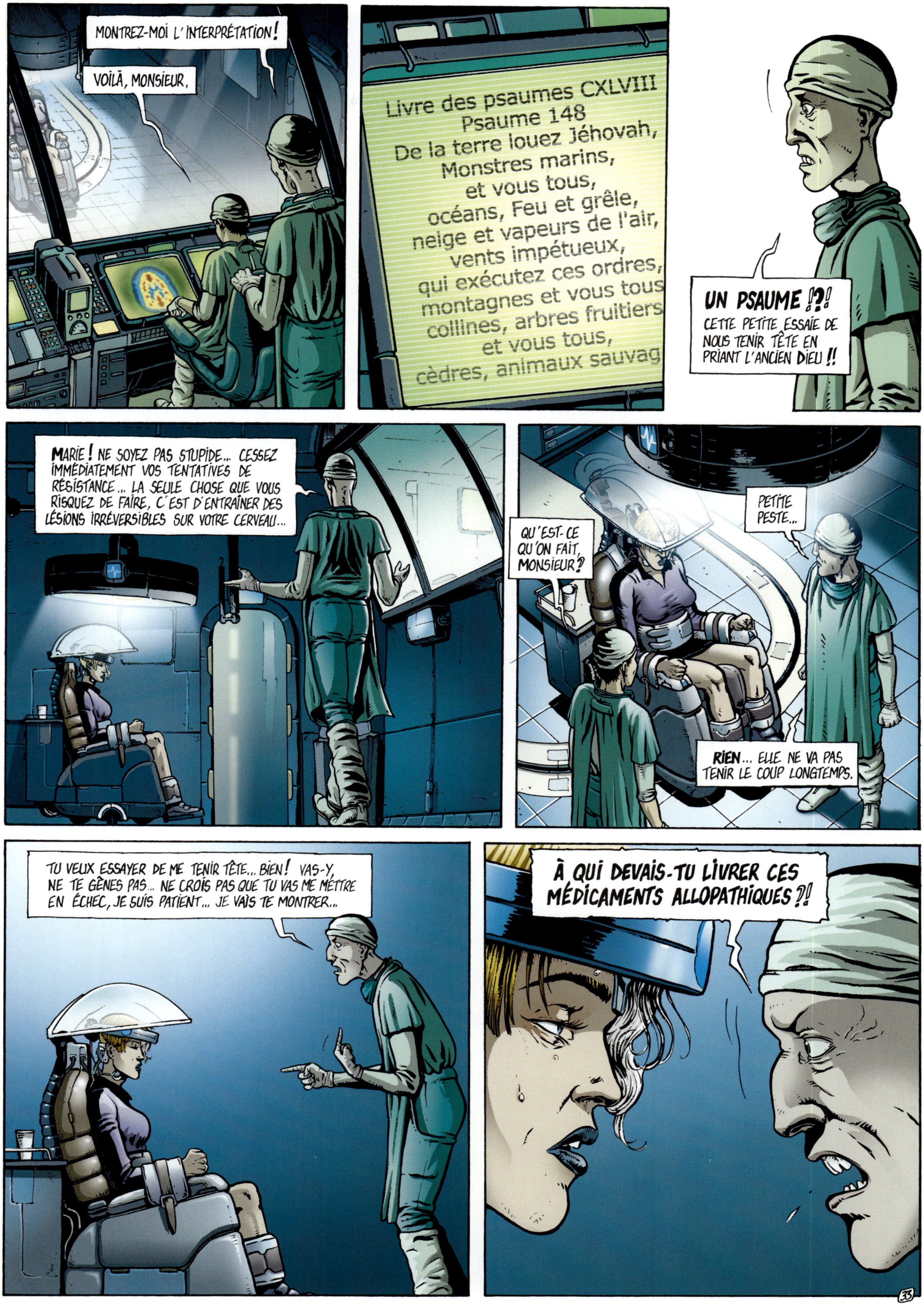

MONTREZ-MOI L'INTERPRÉTATION !
VOILÀ, MONSIEUR.
Livre des psaumes CXLVIII
Psaume 148
De la terre louez Jéhovah,
Monstres marins,
et vous tous,
océans, Feu et grêle,
neige et vapeurs de l'air,
vents impétueux,
qui exécutez ces ordres,
montagnes et vous tous
collines, arbres fruitiers
et vous tous,
cèdres, animaux sauvag
UN PSAUME !?! CETTE PETITE ESSAIE DE NOUS TENIR TÊTE EN PRIANT L'ANCIEN DIEU !!
MARIE ! NE SOYEZ PAS STUPIDE... CESSEZ IMMÉDIATEMENT VOS TENTATIVES DE RÉSISTANCE... LA SEULE CHOSE QUE VOUS RISQUEZ DE FAIRE, C'EST D'ENTRAÎNER DES LÉSIONS IRRÉVERSIBLES SUR VOTRE CERVEAU...
QU'EST-CE QU'ON FAIT, MONSIEUR ?
PETITE PESTE...
RIEN... ELLE NE VA PAS TENIR LE COUP LONGTEMPS.
TU VEUX ESSAYER DE ME TENIR TÊTE... BIEN ! VAS-Y, NE TE GÊNES PAS... NE CROIS PAS QUE TU VAS ME METTRE EN ÉCHEC, JE SUIS PATIENT... JE VAIS TE MONTRER...
À QUI DEVAIS-TU LIVRER CES MÉDICAMENTS ALLOPATHIQUES ?!
33

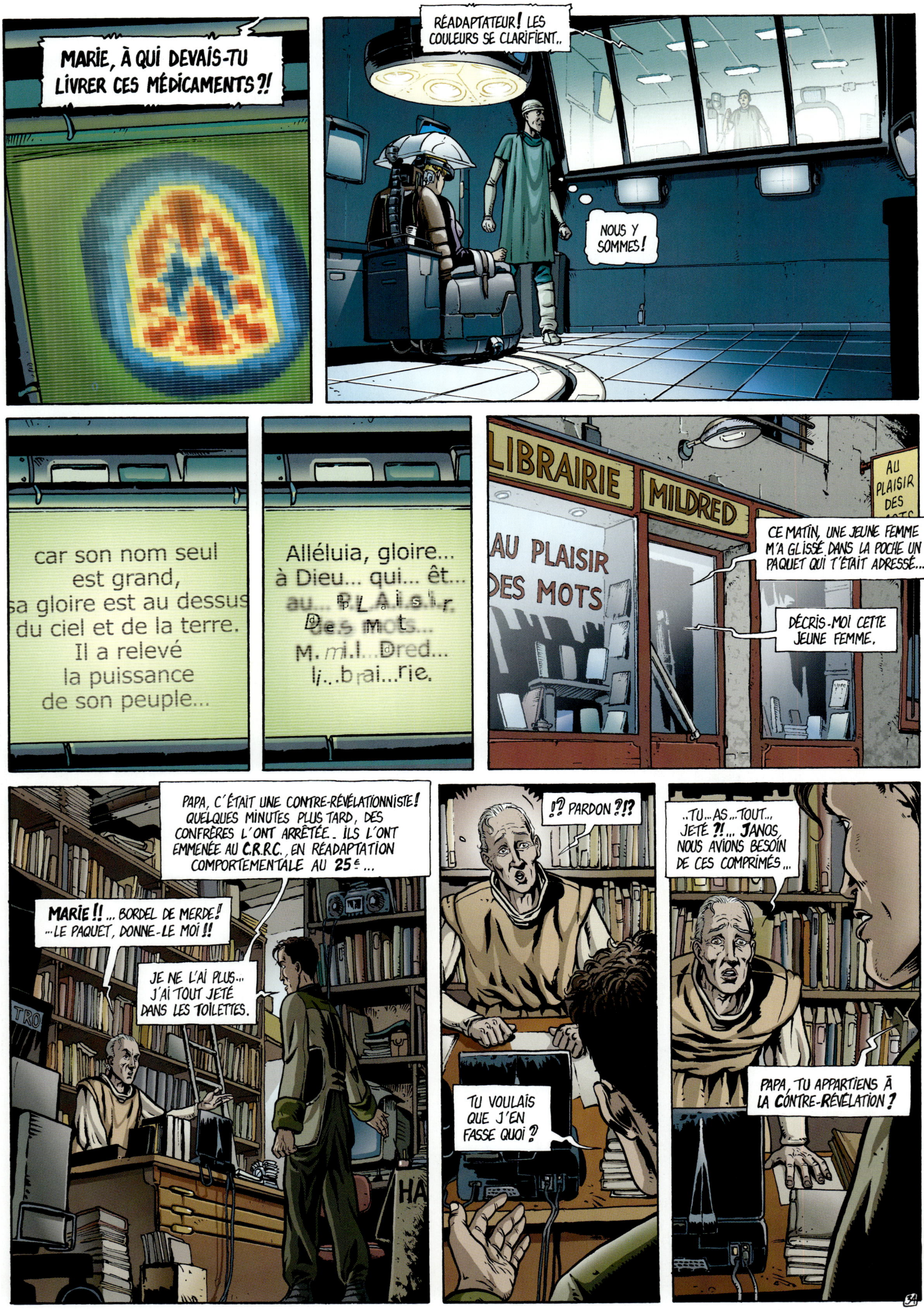
MARIE, À QUI DEVAIS-TU LIVRER CES MÉDICAMENTS ?!
RÉADAPTATEUR! LES COULEURS SE CLARIFIENT..
NOUS Y SOMMES!
car son nom seul est grand, sa gloire est au dessus du ciel et de la terre. Il a relevé la puissance de son peuple...
Alléluia, gloire... à Dieu... qui... êt... au... PLAisir Des mots... M. mi.l...Dred... li...brai...rie.
LIBRAIRIE MILDRED
AU PLAISIR DES MOTS
AU PLAISIR DES
CE MATIN, UNE JEUNE FEMME M'A GLISSÉ DANS LA POCHE UN PAQUET QUI T'ÉTAIT ADRESSÉ...
DÉCRIS-MOI CETTE JEUNE FEMME.
PAPA, C'ÉTAIT UNE CONTRE-RÉVÉLATIONNISTE! QUELQUES MINUTES PLUS TARD, DES CONFRÈRES L'ONT ARRÊTÉE. ILS L'ONT EMMENÉE AU C.R.R.C., EN RÉADAPTATION COMPORTEMENTALE AU 25E...
MARIE!! ... BORDEL DE MERDE! ...LE PAQUET, DONNE-LE MOI!!
JE NE L'AI PLUS... J'AI TOUT JETÉ DANS LES TOILETTES.
!? PARDON ?!?
TU VOULAIS QUE J'EN FASSE QUOI ?
..TU...AS...TOUT... JETÉ ?!... JANOS, NOUS AVIONS BESOIN DE CES COMPRIMÉS...
PAPA, TU APPARTIENS À LA CONTRE-RÉVÉLATION ?
34

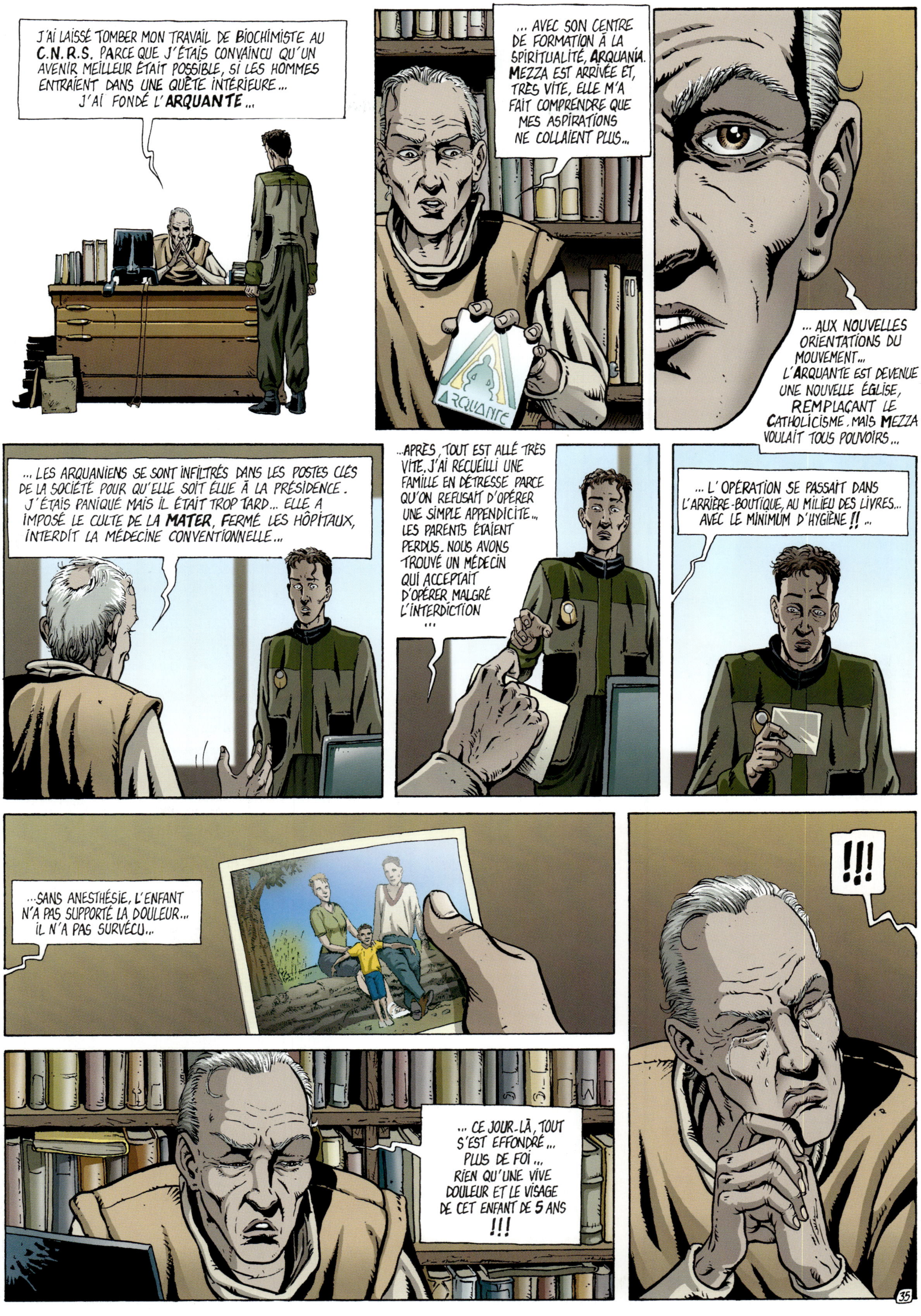
J'AI LAISSÉ TOMBER MON TRAVAIL DE BIOCHIMISTE AU C.N.R.S. PARCE QUE J'ÉTAIS CONVAINCU QU'UN AVENIR MEILLEUR ÉTAIT POSSIBLE, SI LES HOMMES ENTRAÎENT DANS UNE QUÊTE INTÉRIEURE... J'AI FONDÉ L'ARQUANTE...
... AVEC SON CENTRE DE FORMATION À LA SPIRITUALITÉ, ARQUANIA. MEZZA EST ARRIVÉE ET, TRÈS VITE, ELLE M'A FAIT COMPRENDRE QUE MES ASPIRATIONS NE COLLAIENT PLUS...
ARQUANTE
... AUX NOUVELLES ORIENTATIONS DU MOUVEMENT... L'ARQUANTE EST DEVENUE UNE NOUVELLE ÉGLISE, REMPLAÇANT LE CATHOLICISME. MAIS MEZZA VOULAIT TOUS POUVOIRS...
... LES ARQUANIENS SE SONT INFILTRÉS DANS LES POSTES CLÉS DE LA SOCIÉTÉ POUR QU'ELLE SOIT ÉLUE À LA PRÉSIDENCE. J'ÉTAIS PANIQUÉ MAIS IL ÉTAIT TROP TARD... ELLE A IMPOSÉ LE CULTE DE LA MATER, FERMÉ LES HÔPITAUX, INTERDIT LA MÉDECINE CONVENTIONNELLE...
...APRÈS, TOUT EST ALLÉ TRÈS VITE. J'AI RECUEILLI UNE FAMILLE EN DÉTRESSE PARCE QU'ON REFUSAIT D'OPÉRER UNE SIMPLE APPENDICITE... LES PARENTS ÉTAIENT PERDUS. NOUS AVONS TROUVÉ UN MÉDECIN QUI ACCEPTAIT D'OPÉRER MALGRÉ L'INTERDICTION ...
... L'OPÉRATION SE PASSAIT DANS L'ARRIÈRE-BOUTIQUE, AU MILIEU DES LIVRES... AVEC LE MINIMUM D'HYGIÈNE !! ...
...SANS ANESTHÉSIE, L'ENFANT N'A PAS SUPPORTÉ LA DOULEUR... IL N'A PAS SURVÉCU...
!!!
... CE JOUR-LÀ, TOUT S'EST EFFONDRÉ... PLUS DE FOI... RIEN QU'UNE VIVE DOULEUR ET LE VISAGE DE CET ENFANT DE 5 ANS !!!
35

TU NE CROIS PAS EN LA MATER? TU M'AS MENTI PENDANT TOUTES CES ANNÉES?!?
?!... JE N'AVAIS RIEN À TE DIRE!... LA FOI EST UNE DÉMARCHE PERSONNELLE...
AU PLAISIR MOTS
TU M'AS ÉDUQUÉ AVEC... CET... IDÉAL D'UN ÉPANOUISSEMENT PERSONNEL ET SPIRITUEL!!!
TU N'AS JAMAIS PENSÉ QU'À TOI! TU PASSES D'UN RÊVE À L'AUTRE SANS LA MOINDRE CONVICTION! JE NE SUIS PAS SÛR QUE TA NOUVELLE ÉTIQUETTE DE CONTRE-RÉVÉLATIONNISTE SOIT PLUS SINCÈRE QUE LA PREMIÈRE!!
TU AS RAISON JANOS... LA SEULE CHOSE QUE J'AI SU FAIRE, C'EST DE T'ENLEVER DES BRAS DE TA MÈRE... CE CHOIX-LÀ, JE NE LE REGRETTE PAS!...
...IL FAUT QUE J'AGISSE VITE, ILS NE VONT PLUS TARDER... LE SEUL MOYEN DE PRÉVENIR TED-ALISTER ET LES AUTRES SANS RISQUER DE LES METTRE EN DANGER...
...C'EST DE FOUTRE LE FEU À TOUT ÇA... PLUS DE NOMS, PLUS D'ADRESSES... PLUS RIEN...
...ILS COMPRENDRONT QU'ILS DOIVENT REPARTIR CHERCHER LES PROVISIONS DE MÉDICAMENTS...
...ET MOI, JE PEUX BIEN FINIR AUJOURD'HUI...
SCRECHH
!?...LE FEU!! LE VIEUX EST EN TRAIN DE TOUT BRÛLER?!!
IL EST DEDANS, TU CROIS?!
SALOPERIE!! J'EN SAIS RIEN!!
36

QUELQUES JOURS PLUS TARD...
DÈS DEMAIN, LES CENTRES DE LA SÉRÉNITÉ COMMENCERONT À GREFFER LES ANGES GARDIENS SUR LA POPULATION. SUR CET ÉCRAN, VOUS ALLEZ VOIR LA REPRÉSENTATION ANGÉLIQUE SÉLECTIONNÉE PAR NOS COLLÈGUES...
...NOUS AVONS CHOISI LA REPRÉSENTATION LA PLUS POPULAIRE, VOICI...
...ENTRE SPIRITUALITÉ ET HUMANITÉ, L'ANGE GARDIEN DOIT AUSSI SYMBOLISER CET IDÉAL AUQUEL L'HOMME DOIT DÉSIRER ACCÉDER.
JE SUIS ELIEL... JE SERAIS POUR VOUS UN COMPAGNON... L'OREILLE ATTENTIVE À VOS PAROLES, LA MAIN APAISANTE SUR VOTRE ÉPAULE ...
...LE CONFIDENT QUE VOUS ATTENDIEZ... CELUI QUI VOUS CONNAIT MIEUX QUE VOUS-MÊME ...
JE VOIS QUE VOUS ÊTES IMPRESSIONNÉS PAR LA QUALITÉ DE L'IMAGE, PAR SA VRAISEMBLANCE...
...LE MESSAGER DE LA MATER PRIMA.
NOS ANGES PARLENT, ÉCOUTENT, RÉPONDENT, PEUVENT TRADUIRE LES ÉTATS D'ÂME D'UNE PERSONNE, ET MÊME NOUS SIGNALER QUAND CELLE-CI TRAVERSE UNE CRISE DE DOUTE...
...LE PRINCIPE EST SIMPLE: UNE BIOPUCE GREFFÉE À LA BASE DU CERVEAU PERMETTRA À L'ANGE D'ÊTRE CONNECTÉ AVEC LES ÉMOTIONS DU SUJET... CES INFORMATIONS SERONT ENSUITE TRANSMISES À LA SÉRÉNITÉ...
JE TIENS À PRÉCISER AUX MEMBRES DU COLLÈGE QUE, SOUS CES BONNES INTENTIONS, LES ANGES GARDIENS SONT ESSENTIELLEMENT UN SYSTÈME DE SURVEILLANCE RAPPROCHÉE.
37

ON CONNAÎT VOTRE POSITION SUR LE SUJET, EMET, MAIS NOUS N'AVONS PAS LE CHOIX... NOUS VOULONS ÉVITER QUE DES CONTRE-RÉVÉLATIONNISTES MINENT L'ARQUANTE.
RIEN NE JUSTIFIE L'UTILISATION DE FIDES !!
J'Y ARRIVE, EMET...
...AVEC LES ANGES GARDIENS, CHAQUE SUJET DE LA MATER RECEVRA FIDES... CHU, LA PAROLE EST À VOUS...
AVEC LA RÉVÉLATION DE LA MATER, NOUS AVONS CRÉÉ UNE VÉRITABLE RÉVOLUTION DES ESPRITS. MAINTENANT, IL FAUT IMPOSER À CHACUN DE S'INVESTIR DANS LA FOI, C'EST LE RÔLE DE FIDES.
MESSIEURS, JE VOUS PRÉSENTE FIDES, BAPTISÉ AUSSI LE VIRUS DE LA FOI.
...LE VIRUS EST IMPLANTÉ DANS LA BIOPUCE DES ANGES GARDIENS, IL REPRÉSENTE NOTRE GARANTIE CONTRE LA MULTIPLICATION DES CONTRE-RÉVS. QU'UN INDIVIDU DOUTE DE LA MATER OU DU BIEN FONDÉ DES DÉMARCHES DE L'ARQUANTE...ET LE VIRUS S'ACTIVE.
...UNE SEULE CELLULE INFESTÉE PAR FIDES ET, EN QUELQUES HEURES, C'EST TOUT LE CENTRE NERVEUX DE LA PERSONNE QUI EST TOUCHÉ. ARRÊT DES FONCTIONS VITALES... LA RESPIRATION SE BLOQUE, LE COEUR SE TAIT... FIDES TÉTANISE PROGRESSIVEMENT TOUT LE CORPS...
SALOPERIE DE BESTIOLE !
38

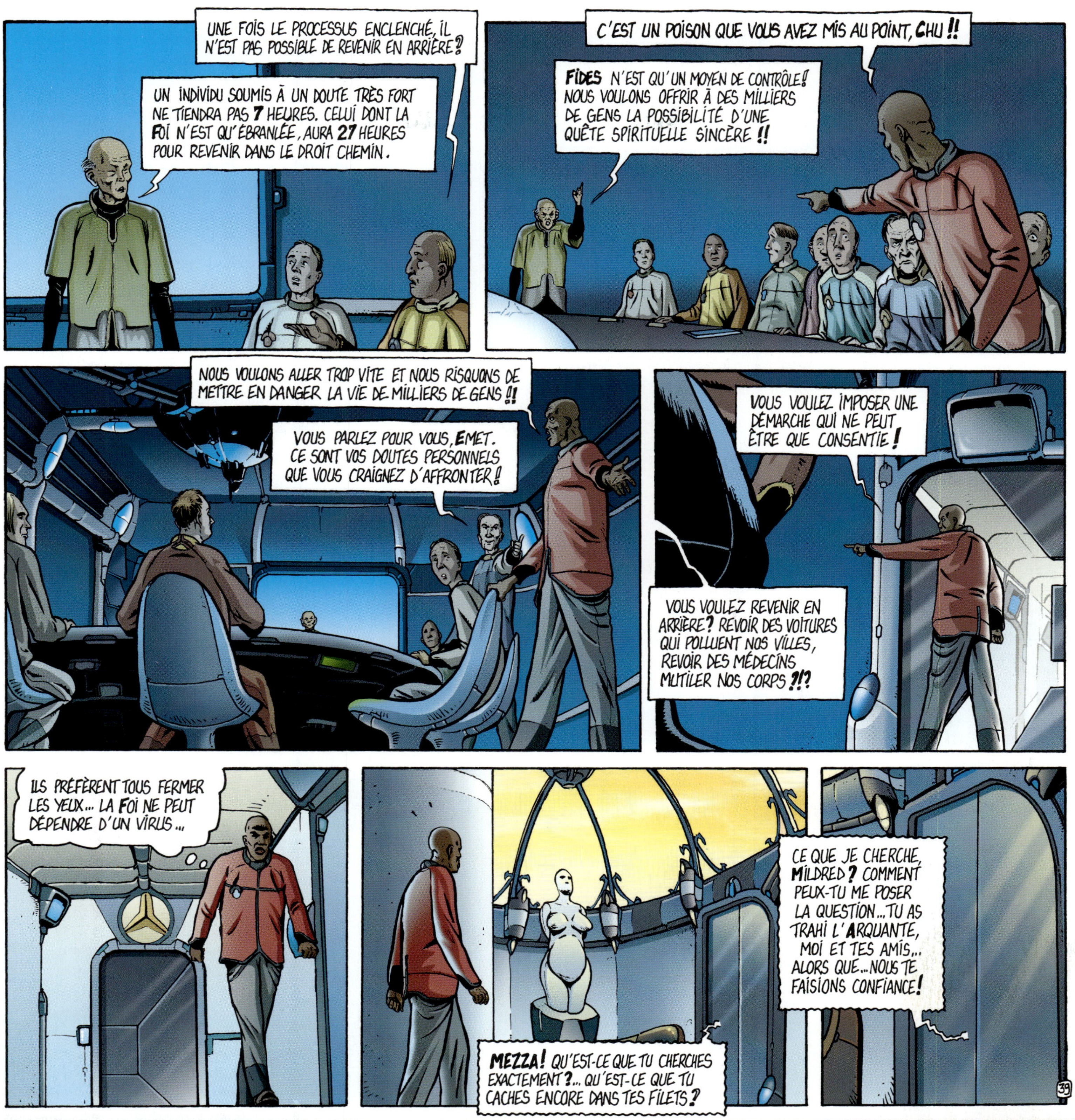
UNE FOIS LE PROCESSUS ENCLENCHÉ, IL N'EST PAS POSSIBLE DE REVENIR EN ARRIÈRE ?
UN INDIVIDU SOUMIS À UN DOUTE TRÈS FORT NE TIENDRA PAS 7 HEURES. CELUI DONT LA FOI N'EST QU'ÉBRANLÉE, AURA 27 HEURES POUR REVENIR DANS LE DROIT CHEMIN.
C'EST UN POISON QUE VOUS AVEZ MIS AU POINT, CHU !!
FIDES N'EST QU'UN MOYEN DE CONTRÔLE ! NOUS VOULONS OFFRIR À DES MILLIERS DE GENS LA POSSIBILITÉ D'UNE QUÊTE SPIRITUELLE SINCÈRE !!
NOUS VOULONS ALLER TROP VITE ET NOUS RISQUONS DE METTRE EN DANGER LA VIE DE MILLIERS DE GENS !!
VOUS PARLEZ POUR VOUS, EMET. CE SONT VOS DOUTES PERSONNELS QUE VOUS CRAIGNEZ D'AFFRONTER !
VOUS VOULEZ IMPOSER UNE DÉMARCHE QUI NE PEUT ÊTRE QUE CONSENTIE !
VOUS VOULEZ REVENIR EN ARRIÈRE ? REVOIR DES VOITURES QUI POLLUENT NOS VILLES, REVOIR DES MÉDECINS MUTILER NOS CORPS ?!?
ILS PRÉFÈRENT TOUS FERMER LES YEUX... LA FOI NE PEUT DÉPENDRE D'UN VIRUS...
MEZZA ! QU'EST-CE QUE TU CHERCHES EXACTEMENT ?... QU'EST-CE QUE TU CACHES ENCORE DANS TES FILETS ?
CE QUE JE CHERCHE, MILDRED ? COMMENT PEUX-TU ME POSER LA QUESTION... TU AS TRAHI L'ARQUANTE, MOI ET TES AMIS... ALORS QUE... NOUS TE FAISIONS CONFIANCE !

REGARDE-TOI ! REGARDE CE QUE TU ES DEVENUE... MADAME LA PRÉSIDENTE DE LA NOUVELLE RÉPUBLIQUE FRANÇAISE ! ... CE TITRE POMPEUX NE SUFFIRA PAS À CACHER TA PERVERSITÉ... MEZZA !!

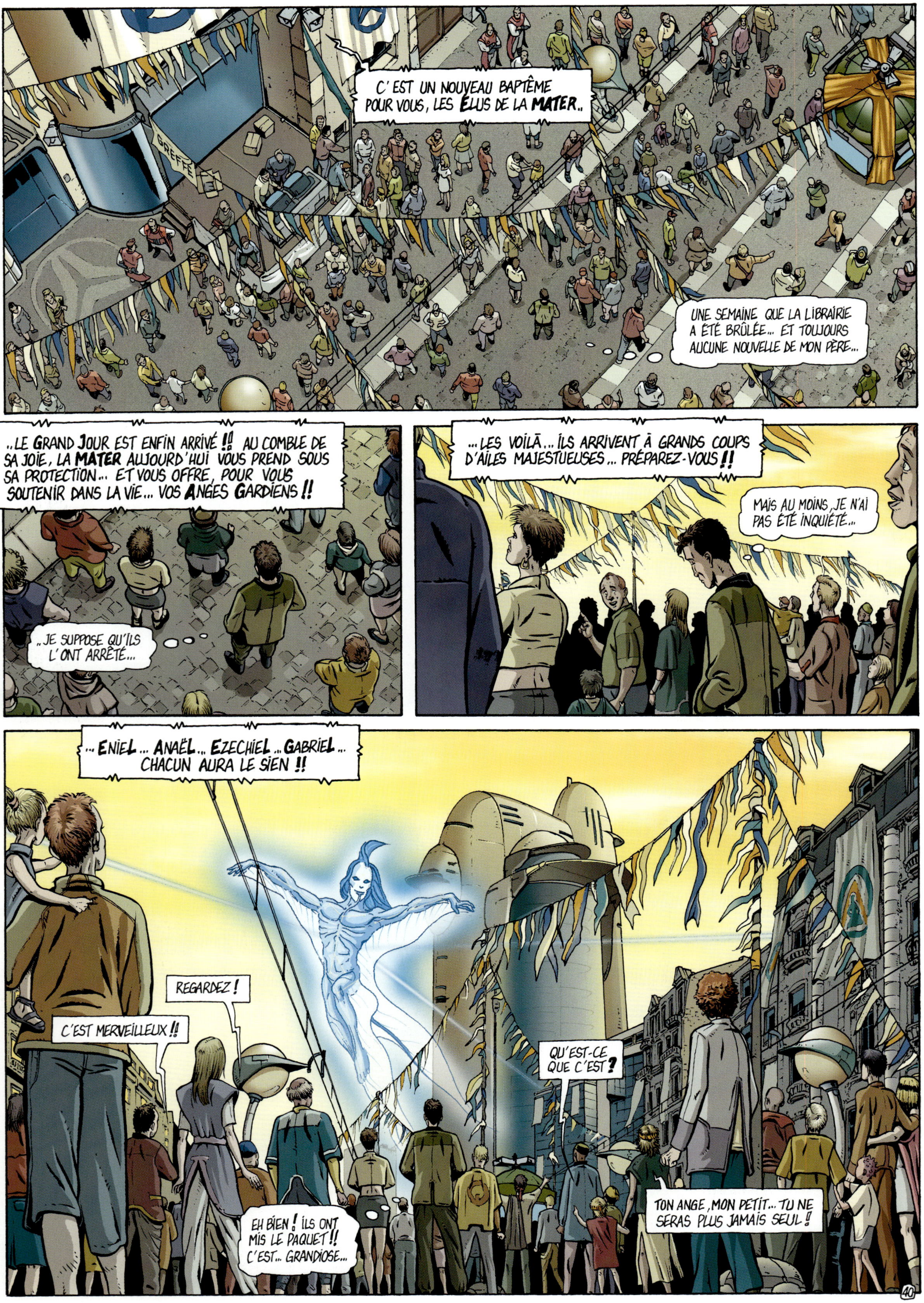
C'EST UN NOUVEAU BAPTÊME POUR VOUS, LES ÉLUS DE LA MATER..
UNE SEMAINE QUE LA LIBRAIRIE A ÉTÉ BRÛLÉE... ET TOUJOURS AUCUNE NOUVELLE DE MON PÈRE...
..LE GRAND JOUR EST ENFIN ARRIVÉ !! AU COMBLE DE SA JOIE, LA MATER AUJOURD'HUI VOUS PREND SOUS SA PROTECTION... ET VOUS OFFRE, POUR VOUS SOUTENIR DANS LA VIE... VOS ANGES GARDIENS !!
..JE SUPPOSE QU'ILS L'ONT ARRÊTÉ...
...LES VOILÀ... ILS ARRIVENT À GRANDS COUPS D'AILES MAJESTUEUSES... PRÉPAREZ-VOUS !!
MAIS AU MOINS, JE N'AI PAS ÉTÉ INQUIÉTÉ...
...ENIEL... ANAËL... EZECHIEL... GABRIEL... CHACUN AURA LE SIEN !!
REGARDEZ !
C'EST MERVEILLEUX !!
QU'EST-CE QUE C'EST ?
EH BIEN ! ILS ONT MIS LE PAQUET !! C'EST... GRANDIOSE...
TON ANGE, MON PETIT... TU NE SERAS PLUS JAMAIS SEUL !
40

BIENVENUE! LA MATER A ENTENDU VOS PRIÈRES ET ME VOILÀ AVEC VOUS AUJOURD'HUI... J'ESPÈRE QUE VOTRE JOIE EST ÉGALE À LA MIENNE ...J'ÉTAIS SI IMPATIENT DE VOUS RENCONTRER!
SI JE N'AVAIS PAS CONTRIBUÉ À LA CRÉATION DE CE PROGRAMME, JE ME CROIRAIS VRAIMENT DEVANT UN ANGE!
VOUS RESSENTEZ... CETTE BONTÉ QUI SE DÉGAGE DE LUI?
OOH OUI... OUI... C'EST SI DOUX...
!?!
JE NE RESSENS RIEN DE PARTICULIER ?!...
AAH SI... C'EST COMME PENDANT LES SÉANCES DE MÉDITATION DANS LA CHAPELLE... JE RETROUVE CE BONHEUR INDESCRIPTIBLE ET ENIVRANT...
C'EST LE SPECTACLE DE LEUR VIE QUE NOUS LEUR OFFRONS...
ILS SONT COMME DES ENFANTS IGNORANTS, ÉGARÉS DANS LEUR PROPRE VIE...
...ET NOTRE DEVOIR EST DE LES GUIDER POUR QU'ILS DÉCOUVRENT LE MEILLEUR D'EUX-MÊMES!
ALLONS MESSIEURS, PAS D'EFFUSIONS!
VOUS NE PARTAGEZ PAS NOTRE FIERTÉ, MADAME LA PRÉSIDENTE? CES GENS, QUI ASPIRAIENT À UN AVENIR MEILLEUR, VONT DEVENIR DES BREBIS DOCILES!
TU T'ÉGARES, EMET. CE PEUPLE COMME TU DIS, N'ASPIRE À RIEN D'AUTRE QU'À UNE PRISE EN CHARGE COMPLÈTE ET DÉRESPONSABILISANTE... UN BONHEUR SANS CHOIX...
...QUE LE TROUPEAU SOIT DOCILE OU NON, IL RESTE UN TROUPEAU DÈS QU'IL RENONCE DE LUI-MÊME À SA LIBERTÉ.
...ET MOI, LE MOUTON DE PLUS, JE REGARDE CE SPECTACLE... INCAPABLE DE RÉAGIR...

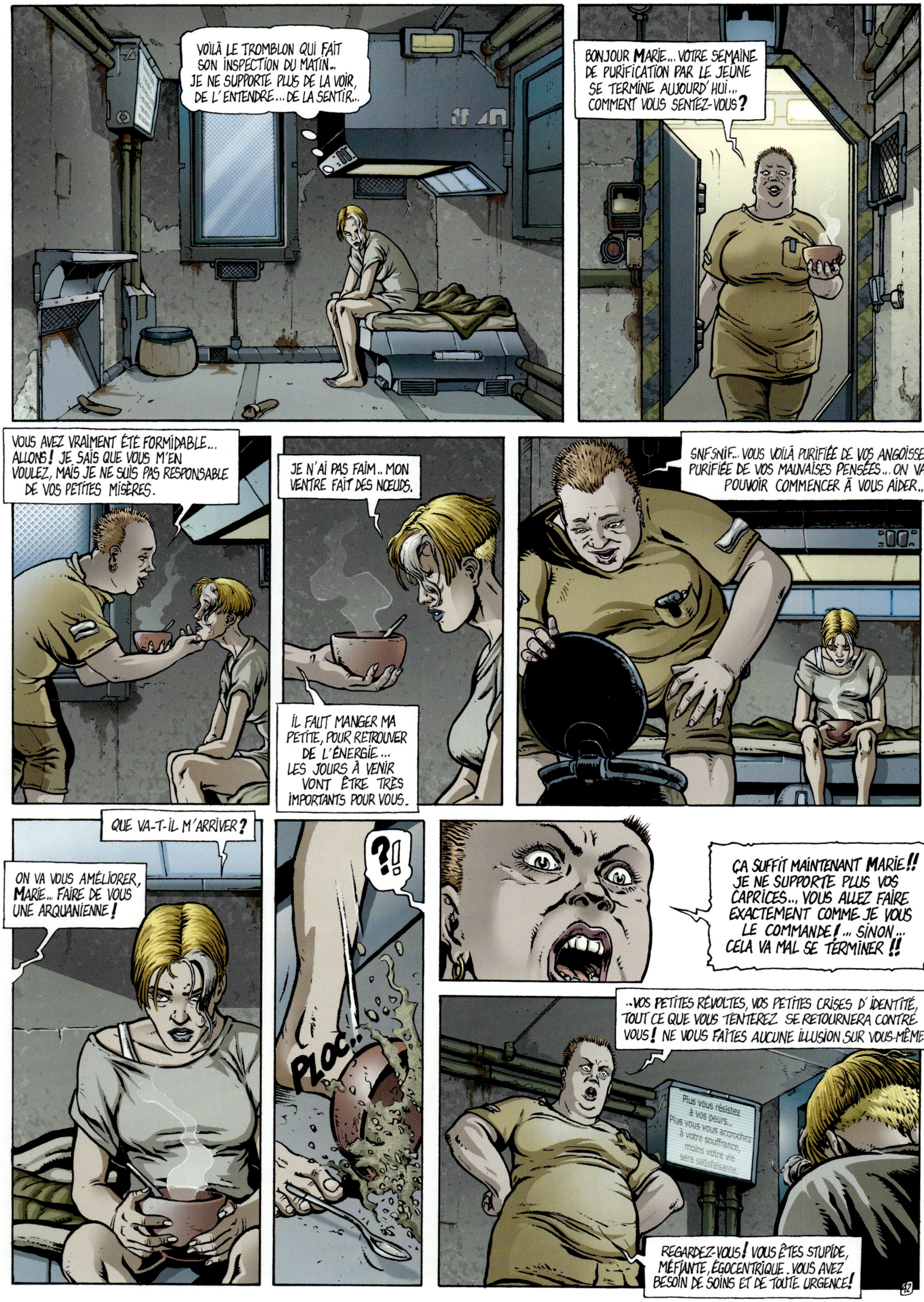
VOILÀ LE TROMBLON QUI FAIT SON INSPECTION DU MATIN... JE NE SUPPORTE PLUS DE LA VOIR, DE L'ENTENDRE... DE LA SENTIR...
BONJOUR MARIE... VOTRE SEMAINE DE PURIFICATION PAR LE JEÛNE SE TERMINE AUJOURD'HUI... COMMENT VOUS SENTEZ-VOUS ?
VOUS AVEZ VRAIMENT ÉTÉ FORMIDABLE... ALLONS ! JE SAIS QUE VOUS M'EN VOULEZ, MAIS JE NE SUIS PAS RESPONSABLE DE VOS PETITES MISÈRES.
JE N'AI PAS FAIM... MON VENTRE FAIT DES NOEUDS.
IL FAUT MANGER MA PETITE, POUR RETROUVER DE L'ÉNERGIE... LES JOURS À VENIR VONT ÊTRE TRÈS IMPORTANTS POUR VOUS.
SNF SNIF... VOUS VOILÀ PURIFIÉE DE VOS ANGOISSES, PURIFIÉE DE VOS MAUVAISES PENSÉES... ON VA POUVOIR COMMENCER À VOUS AIDER...
QUE VA-T-IL M'ARRIVER ?
ON VA VOUS AMÉLIORER, MARIE... FAIRE DE VOUS UNE ARQUANIENNE !
?!
PLOC !
ÇA SUFFIT MAINTENANT MARIE !! JE NE SUPPORTE PLUS VOS CAPRICES... VOUS ALLEZ FAIRE EXACTEMENT COMME JE VOUS LE COMMANDE ! ... SINON... CELA VA MAL SE TERMINER !!
...VOS PETITES RÉVOLTES, VOS PETITES CRISES D'IDENTITÉ, TOUT CE QUE VOUS TENTEREZ SE RETOURNERA CONTRE VOUS ! NE VOUS FAITES AUCUNE ILLUSION SUR VOUS-MÊME !
Plus vous résistez à vos peurs... Plus vous vous accrochez à votre souffrance, moins votre vie sera satisfaisante
REGARDEZ-VOUS ! VOUS ÊTES STUPIDE, MÉFIANTE, ÉGOCENTRIQUE. VOUS AVEZ BESOIN DE SOINS ET DE TOUTE URGENCE !
42

CÉLIA ?!?... BIEN SÛR, NOUS SOMMES CONVOQUÉS PAR LE BUREAU... DONC, TOUTE L'ÉQUIPE EST LÀ !
JE TROUVE CELA MAGNIFIQUE, JE SUIS EXCITÉE COMME JAMAIS... ET TOI ?!
BONJOUR CÉLIA ... GERDI...
ÇA N'A PAS L'AIR DE T'IMPRESSIONNER, GERDI ?
SI, SI .. C'EST EXTRAORDINAIRE ... GRANDIOSE... !!
TA GUEULE, GERDI !! NE CRITIQUE RIEN DEVANT CÉLIA...
JANOS.. TU SAVAIS QUE LA LIBRAIRIE DE TON PÈRE AVAIT BRÛLÉ ?
OUI, OUI... UN FÂCHEUX ACCIDENT...
MESSIEURS DAMES, VOS CONVOCATIONS, S'IL VOUS PLAÎT !
LES VOILÀ !
COMMENT FAIT-ELLE POUR ÊTRE TOUJOURS AU COURANT DE TOUT ?!
VOUS ÊTES DU C.R.R.C., 5e NIVEAU... SUIVEZ LA FILE N°5... SAUF MONSIEUR ZINIEF QUI DOIT M'ACCOMPAGNER.
MAIS POURQUOI ?
SUIVEZ-MOI, MONSIEUR.. VOUS ÊTES ATTENDU AU BALCON...
CETTE FOIS, ÇA Y EST... IL VA ÊTRE DÉCLASSÉ !
C'EST À CAUSE DE PAPA... QU'EST-CE QU'ILS ME VEULENT ?
MADAME LA PRÉSIDENTE VOUS A CONVOQUÉ POUR QUE VOUS BÉNÉFICIEZ DES MEILLEURS SPÉCIALISTES POUR VOTRE GREFFE.
!!!
...EN CE JOUR DE BÉNÉDICTION...
IL EST L'HEURE... JE DOIS M'OCCUPER DE RÉGLER NOS COMPTES, MILDRED !
43

MADAME... LA PRÉSIDENTE.
?! ELLE N'A PAS VIEILLI?
BRAVO MILDRED... LE PETIT GARÇON COLÉRIQUE EST DEVENU UN BEL HOMME!
BONJOUR JANOS. NE M'APPELLE PAS MADAME... PAS TOI!
NOUS AVONS DU TEMPS À RATTRAPER TOUS LES DEUX... QUAND TON PÈRE T'A ÉLOIGNÉ DE MOI, TU ÉTAIS SI PETIT... MON ENFANT...
?! MON ENFANT?
VIENS T'ASSEOIR ICI ... PRÈS DE MOI...
JANOS, NOUS NOUS CONNAISSONS BIEN TOUS LES DEUX... TU TE SOUVIENS DE MOI?
OUI, VOUS ÉTIEZ AVEC MON PÈRE ...VOUS N'AVEZ PAS... CHANGÉ.
... ENFIN... JE VEUX DIRE, VOTRE VISAGE EST TOUJOURS.. LE MÊME...
JE VIEILLIS BIEN... JANOS, QUE TE RAPPELLES-TU D'AUTRE?
DE LA TROUPE D'ENFANTS QUE NOUS ÉTIONS... LES FOUS-RIRES PENDANT LES SÉANCES DE PRIÈRE...
TON PÈRE T'A-T'IL DÉJÀ PARLÉ DE TA MÈRE?
DE MA MÈRE?!?
ELLE M'A ABANDONNÉ TRÈS JEUNE, ELLE NE ME SUPPORTAIT PAS... VOUS LE SAVEZ BIEN, VOUS FAISIEZ PARTIE DES FEMMES QUE NOUS APPELIONS MAMAN...
44

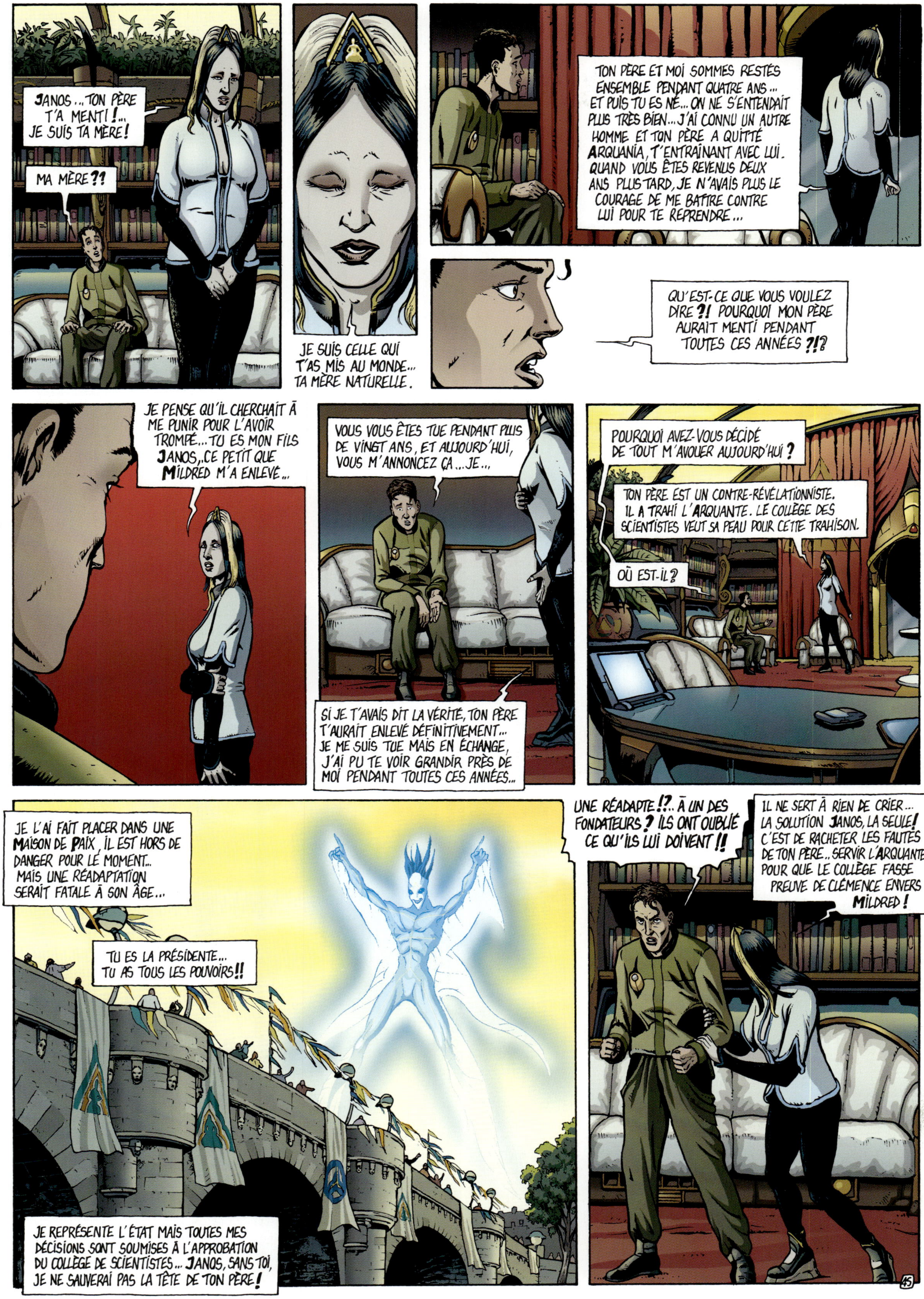
JANOS... TON PÈRE T'A MENTI!... JE SUIS TA MÈRE!
MA MÈRE?!
JE SUIS CELLE QUI T'AS MIS AU MONDE... TA MÈRE NATURELLE.
TON PÈRE ET MOI SOMMES RESTÉS ENSEMBLE PENDANT QUATRE ANS... ET PUIS TU ES NÉ... ON NE S'ENTENDAIT PLUS TRÈS BIEN... J'AI CONNU UN AUTRE HOMME ET TON PÈRE A QUITTÉ ARQUANÍA, T'ENTRAÎNANT AVEC LUI. QUAND VOUS ÊTES REVENUS DEUX ANS PLUS TARD, JE N'AVAIS PLUS LE COURAGE DE ME BATTRE CONTRE LUI POUR TE REPRENDRE...
QU'EST-CE QUE VOUS VOULEZ DIRE?! POURQUOI MON PÈRE AURAIT MENTI PENDANT TOUTES CES ANNÉES?!?
JE PENSE QU'IL CHERCHAIT À ME PUNIR POUR L'AVOIR TROMPÉ... TU ES MON FILS JANOS, CE PETIT QUE MILDRED M'A ENLEVÉ...
VOUS VOUS ÊTES TUE PENDANT PLUS DE VINGT ANS, ET AUJOURD'HUI, VOUS M'ANNONCEZ ÇA... JE...
SI JE T'AVAIS DIT LA VÉRITÉ, TON PÈRE T'AURAIT ENLEVÉ DÉFINITIVEMENT... JE ME SUIS TUE MAIS EN ÉCHANGE, J'AI PU TE VOIR GRANDIR PRÈS DE MOI PENDANT TOUTES CES ANNÉES...
POURQUOI AVEZ-VOUS DÉCIDÉ DE TOUT M'AVOUER AUJOURD'HUI?
TON PÈRE EST UN CONTRE-RÉVÉLATIONNISTE. IL A TRAHI L'ARQUANTE. LE COLLÈGE DES SCIENTISTES VEUT SA PEAU POUR CETTE TRAHISON.
OÙ EST-IL?
JE L'AI FAIT PLACER DANS UNE MAISON DE PAIX, IL EST HORS DE DANGER POUR LE MOMENT... MAIS UNE RÉADAPTATION SERAIT FATALE À SON ÂGE...
TU ES LA PRÉSIDENTE... TU AS TOUS LES POUVOIRS!!
JE REPRÉSENTE L'ÉTAT MAIS TOUTES MES DÉCISIONS SONT SOUMISES À L'APPROBATION DU COLLÈGE DE SCIENTISTES... JANOS, SANS TOI, JE NE SAUVERAI PAS LA TÊTE DE TON PÈRE!
UNE RÉADAPTE!?... À UN DES FONDATEURS? ILS ONT OUBLIÉ CE QU'ILS LUI DOIVENT!!
IL NE SERT À RIEN DE CRIER... LA SOLUTION JANOS, LA SEULE! C'EST DE RACHETER LES FAUTES DE TON PÈRE... SERVIR L'ARQUANTE POUR QUE LE COLLÈGE FASSE PREUVE DE CLÉMENCE ENVERS MILDRED!
45

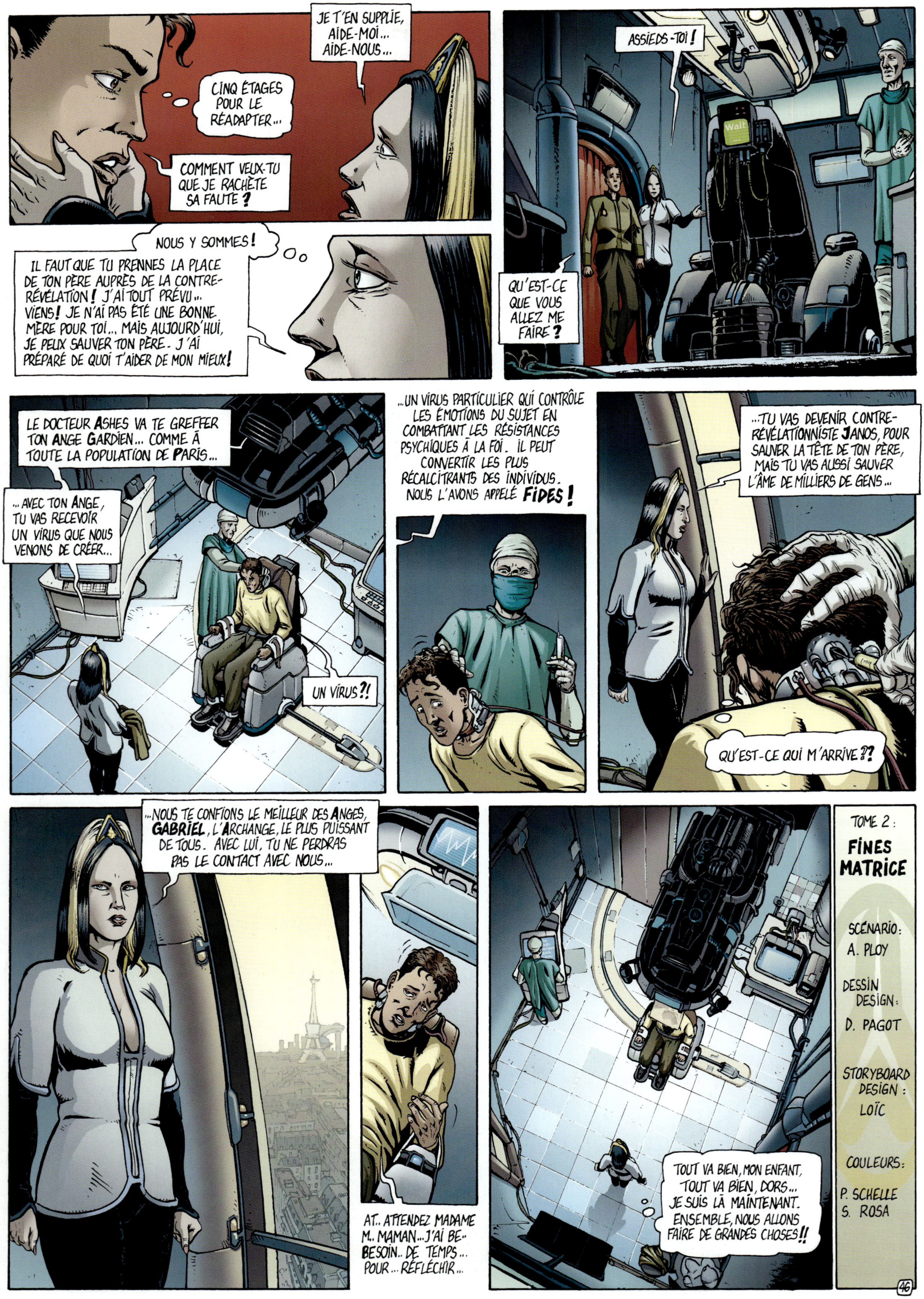
CINQ ÉTAGES POUR LE RÉADAPTER...
COMMENT VEUX-TU QUE JE RACHÈTE SA FAUTE ?
JE T'EN SUPPLIE, AIDE-MOI... AIDE-NOUS...
NOUS Y SOMMES !
IL FAUT QUE TU PRENNES LA PLACE DE TON PÈRE AUPRÈS DE LA CONTRE-RÉVÉLATION ! J'AI TOUT PRÉVU... VIENS ! JE N'AI PAS ÉTÉ UNE BONNE MÈRE POUR TOI... MAIS AUJOURD'HUI, JE PEUX SAUVER TON PÈRE. J'AI PRÉPARÉ DE QUOI T'AIDER DE MON MIEUX !
ASSIEDS-TOI !
QU'EST-CE QUE VOUS ALLEZ ME FAIRE ?
LE DOCTEUR ASHES VA TE GREFFER TON ANGE GARDIEN... COMME À TOUTE LA POPULATION DE PARIS...
...AVEC TON ANGE, TU VAS RECEVOIR UN VIRUS QUE NOUS VENONS DE CRÉER...
UN VIRUS ?!
...UN VIRUS PARTICULIER QUI CONTRÔLE LES ÉMOTIONS DU SUJET EN COMBATTANT LES RÉSISTANCES PSYCHIQUES À LA FOI. IL PEUT CONVERTIR LES PLUS RÉCALCITRANTS DES INDIVIDUS. NOUS L'AVONS APPELÉ FIDES !
...TU VAS DEVENIR CONTRE-RÉVÉLATIONNISTE JANOS, POUR SAUVER LA TÊTE DE TON PÈRE, MAIS TU VAS AUSSI SAUVER L'ÂME DE MILLIERS DE GENS...
QU'EST-CE QUI M'ARRIVE ?!
...NOUS TE CONFIONS LE MEILLEUR DES ANGES, GABRIEL, L'ARCHANGE, LE PLUS PUISSANT DE TOUS. AVEC LUI, TU NE PERDRAS PAS LE CONTACT AVEC NOUS...
AT.. ATTENDEZ MADAME M.. MAMAN... J'AI BE-BESOIN.. DE TEMPS.. POUR... RÉFLÉCHIR...
TOUT VA BIEN, MON ENFANT, TOUT VA BIEN, DORS... JE SUIS LÀ MAINTENANT. ENSEMBLE, NOUS ALLONS FAIRE DE GRANDES CHOSES !!
TOME 2 :
FINES MATRICE
SCÉNARIO : A. PLOY
DESSIN DESIGN : D. PAGOT
STORYBOARD DESIGN : LOÏC
COULEURS : P. SCHELLE S. ROSA
46